Série de livres spécialisés de la maison d'édition EUROPA-LEHRMITTEL pour la technologie des véhicules à moteur

Technique automobile Fiches de travail

Connaissances de base

AF733963

Titre original de l'édition allemande: Technische Kommunikation - Arbeitsplanung Kraftfahrzeugtechnik, Grundkenntnisse, 1ère edition

Auteurs :

Fischer, Richard	Oberstudienrat	Polling-München
Gscheidle, Rolf	Studiendirektor	Winnenden-Stuttgart
Keil, Wolfgang	Studiendirektor	München
Pichler, Wolfram	Ing. (grad.), Studiendirektor	Pullach-München
Saier, Wolfgang	Oberstudienrat	Stuttgart
Schlögl, Bernd	Dipl.-Gwl., Studienrat	Gaggenau-Rastatt
Wimmer, Alois	Oberstudienrat	Stuttgart

Traitement des images : Bureau de dessin de la maison d'édition Europa-Lehrmittel, Leinfelden-Echterdingen.

Comité de lecture : Rolf Gscheidle, Studiendirektor, Winnenden-Stuttgart.

Jaquette réalisée avec l'aimable autorisation de la société Peugeot, Paris.

La traduction en langue française a été assurée par MeeTincS S.A., sur commande du Ministère de l'Education nationale et de la Formation professionnelle, Luxembourg.

1ère édition française 2008

Impression 5 4 3

Tous les tirages de la même édition sont utilisables en parallèle dans la mesure où ils sont identiques entre eux, à l'exception de la correction de fautes d'impression.

http://www.europa-lehrmittel.de
Révision et composition : Clementis AG, 50677 Köln, Allemagne
Impression: Media Print Informationstechnologie, 33100 Paderborn, Allemagne

N° Europa : 23513
ISBN 978-3-8085-2351-3

VERLAG EUROPA-LEHRMITTEL · Nourney, Vollmer GmbH & Co. KG
Düsselberger Straße 23 · 42781 Haan-Gruiten · Allemagne

Avant-propos

Les présentes fiches de travail en vue la planification du travail et de la communication technique en technique automobile, Connaissances de base, ont été élaborées sur des bases pluridisciplinaires. Les exercices sont sélectionnés selon le niveau de la technique. En travaillant de façon autonome avec les fiches de travail, les apprentis acquièrent des connaissances de base approfondies dans les domaines suivants :

- Technique de contrôle
- Technique de fabrication
- Technique automobile
- Matériaux
- Technique de commande et de régulation
- Dessin technique
- Électrotechnique

Au plan du contenu, les fiches de travail sont conçues en fonction des objectifs d'apprentissage suivants :

- Identification et description des questions techniques
- Désignation et affectation de composants
- Explication d'illustrations de système, accompagnée de compléments
- Description de tâches, de modes d'action et de fonctionnement
- Calcul de grandeurs techniques et physiques fondamentales
- Création et lecture de dessins techniques.

Principes méthodologiques :

Les exercices sont constitués de sorte que, pour leur résolution, les apprentis doivent faire appel à des documents techniques, par ex. au livre d'enseignement professionnel « Technologie des véhicules à moteur », ou à des livres de tableaux. Cela développe les compétences techniques et pratiques des apprentis.

Les auteurs

Automne 2008

Technique automobile – Fiches des travail
Connaissances de base

1. Technique automobile

2. Technique de contrôle

3. Technique de fabrication

4. Matériaux

5. Technique de commande et de régulation

6. Électrotechnique

7. Dessin technique

EUROPA LEHRMITTEL	**Technique automobile** Principes de base Évolution de l'automobile	Nom :		
		Classe :	Date :	Feuille N°:

1. **Quelles importantes inventions doit-on aux personnes représentées ?**

Portrait	Invention	
 Nikolaus August Otto 1832 – 1891		
 Carl Benz 1844 – 1929		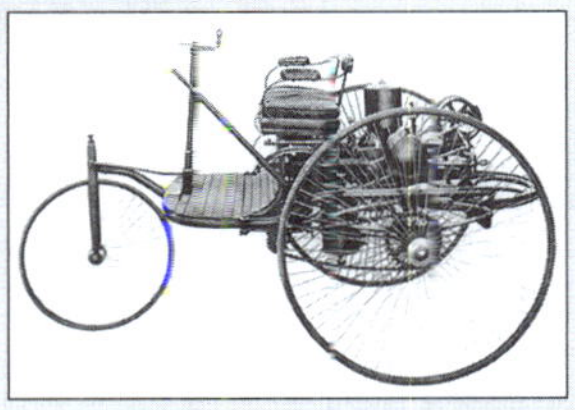
 Gottlieb Daimler 1834 – 1900		
 Rudolf Diesel 1858 – 1913		
 Robert Bosch 1861 – 1942		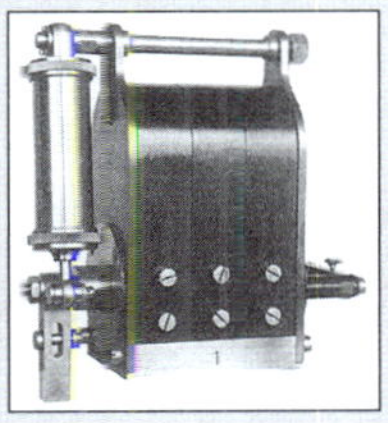
 Henry Ford 1863 – 1947		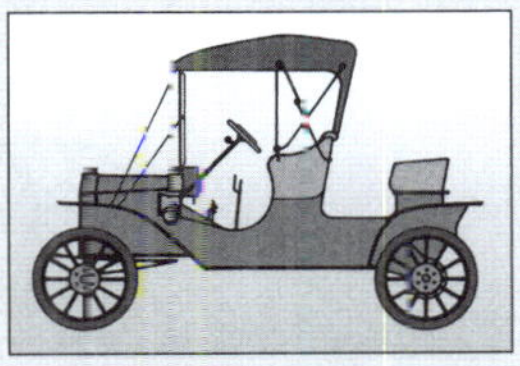

2. **Pour les véhicules représentés, déterminez la puissance, la cylindrée et la puissance par litre.**

Puissance en kW				72
Cylindrée en litre		1,8		
Puissance par litre en kW/l		61,1		80

EUROPA LEHRMITTEL	**Technique automobile** **Principes de base** **Types et dimensions des véhicules**	Nom :	
		Classe :	Date :	Feuille N°:

1. Qu'entend-on par véhicule automobile ?

2. En quels groupes principaux sont divisés les véhicules automobiles ? Indiquez les métiers de formation pour chaque illustration.

3. Désignez les types de véhicules. Marquez de la couleur [bleu] les véhicules à voie unique et de la couleur [rouge] ceux à plusieurs voies.

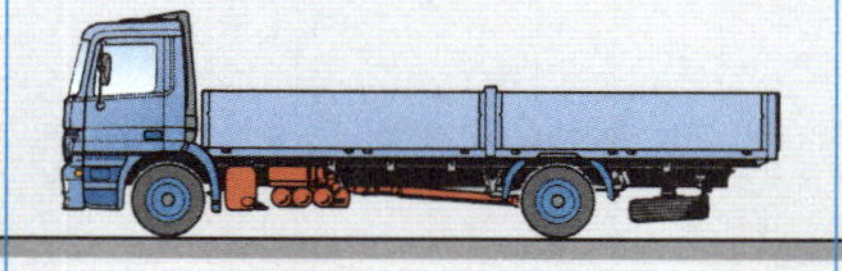
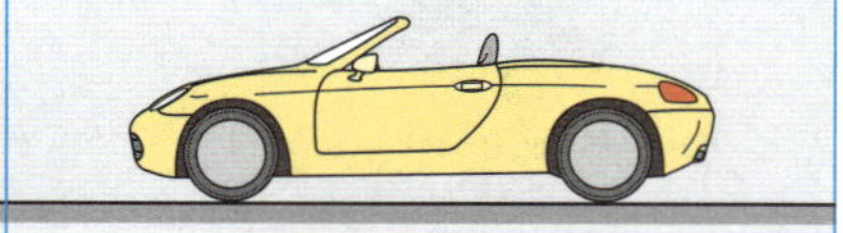

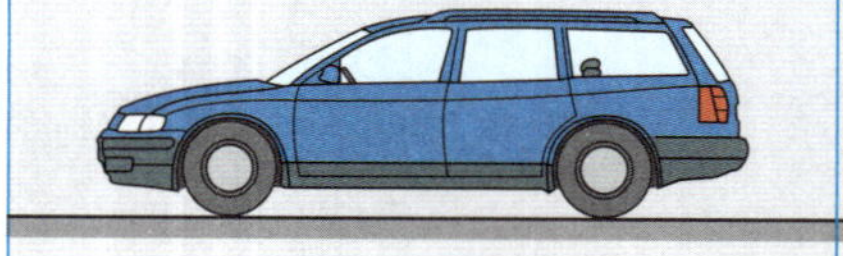

4. Indiquez les dimensions désignées.

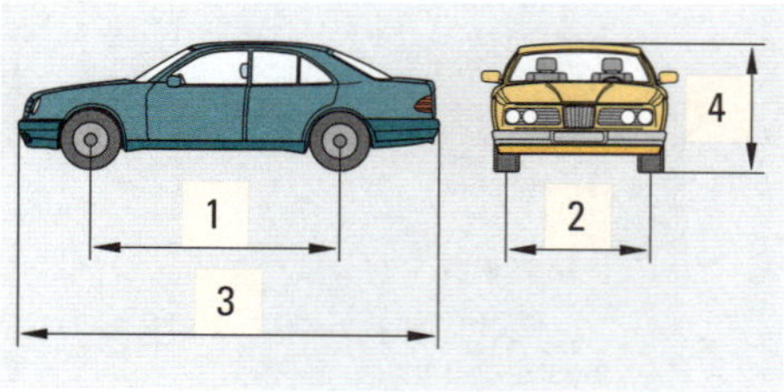

1

2

3

4

5. Quels types d'entraînements sont possibles pour les véhicules automobiles ?

Nom :

Classe :	Date :	Feuille N°:

1. **Nommez les groupes essentiels composant tout le système d'un véhicule automobile.**

2. **Nommez dans le tableau les systèmes partiels de l'entraînement du véhicule pourvus de chiffres et complétez leurs fonctions.**

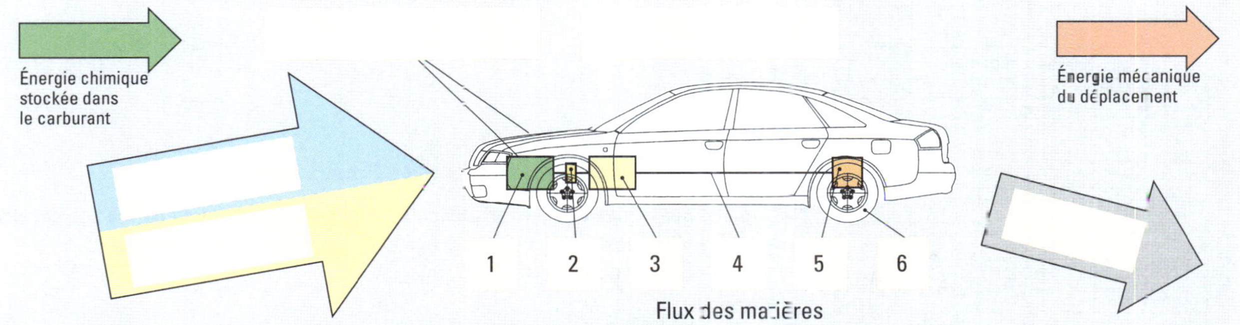

Numéro de position	Système	Fonctions
1		
2		
3		
4		
5		
6		

3. **Marquez en rouge les limites du système général du véhicule automobile et en bleu les limites des systèmes partiels dans l'illustration et inscrivez le terme «limite du système».**
4. **Inscrivez dans l'illustration le terme «flux de l'énergie» et, pour le flux des matières, inscrivez dans la flèche les matières concernées.**
5. **Complétez le tableau pour le système partiel moteur.**

Système partiel moteur	Fonction essentielle	Principaux systemes de base
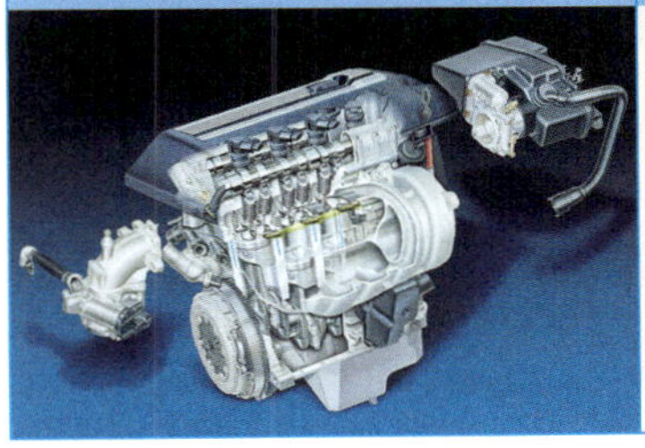		p. ex.

EURO 200

Plan de révision EURO 200 (VIN RF)

Cocher les travaux à effectuer

* Les travaux marqués de cette manière ne sont pas compris dans la préconisation de temps et sont facturés séparément.

Première révision	Pas correct ×	Correct ✓
1 Changer l'huile moteur et les filtres		
2 Inspection générale du véhicule		

Révision générale	Pas correct ×	Correct ✓
3 Examen de corrosion (fiche de contrôle SMD 1601)		
4 Examen de la peinture (selon fiche de contrôle SMD 1601)		
5 Contrôler les lampes, l'avertisseur, les warnings, le pare-brise et le lave-vitre		
6 Contrôler la pression et l'état de pneus AVD: mm AVG: mm ARD: mm ARG: mm RS: mm		
7 Système de freinage avant et arrière, démonter les roues et contrôler les soufflets		
8 Contrôle les roulements de roues, l'arbre de transmission, les suspensions, les articulations de la direction et les soufflets		
9 Contrôle le pot d'échappement et le bouclier thermique		
10 Contrôle le niveau du liquide de frein, l'embrayage, la boîte de vitesses et la direction assistée		
11 Contrôler les cosses de la batterie, éventuellement le niveau d'acide		
12 Contrôler, éventuellement rajouter du liquide de refroidissement antigel		
13 Lubrifier les cylindres de serrures, les serrures et les charnières des portières, du capot moteur et du hayon arrière		
14 Changer l'huile moteur et les filtres		
15 Contrôler, éventuellement régler le frein à main		
16 Remplacer le filtre à pollen		
17 Remplacer le filtre à carburant – pour le diesel, tous les 20 000 km		
18 Remplacer les cartouches de filtres tous les 60 000 km		
19 Remplacer la courroie de l'arbre à cames – **uniquement VVC[1] tous les 100 000 km** 20 Remplacer les courroies de l'arbre à cames, de l'entraînement auxiliaire et de la pompe d'injection – **uniquement VVC[1] tous les 140 000 km**		

Travaux supplémentaires 40 000 km	Pas correct ×	Correct ✓
21 Contrôler les tuyaux du système de refroidissement et les raccords		
22 Contrôler – là où il y en a – les tuyaux du carter de refroidissement du vilebrequin et les vannes		
23 Contrôler les tuyaux de pression et les conduites de dépression		
24 Contrôler la climatisation, les tuyaux et le verre de regard		
25 Contrôler la courroie d'entraînement de l'arbre à cames – **tous les 80 000 km**		
26 Remplacer la courroie d'entraînement de l'arbre à cames – **pas VVC[1], tous les 160 000 km**		
27 Contrôler l'état/la tension de la courroie d'entraînement auxiliaire		
28 Contrôler les conduites de carburant et d'embrayage		
29 Changer l'huile de l'embrayage – **uniquement CTV[2]**		
30 Changer le filtre à carburant – **tous les 80 000 km**		
31 Changer les bougies – **tous les 40 000 km**		

[1] Commande de vannes variables
[2] Boîte automatique

Travaux relatifs au temps	Pas correct ×	Correct ✓
32 Contrôler les ceintures de sécurité et les protections des airbags – **au bout de 36 mois et ensuite tous les 12 mois**		
33 Contrôler les plaques d'immatriculation et les numéros de châssis – **au bout de 36 mois et ensuite tous les 12 mois**		
34 Changer la protection antigel-antirouille – **au bout de 36 mois et ensuite tous les 12 mois***		
35 Changer le liquide de frein – **au bout de 24 mois en fonction du kilométrage***		
36 Changer les modules des airbags – **tous les 10 ans en fonction du kilométrage ***		
37 Changer le capteur d'airbag – **tous les 10 ans uniquement pour les véhicules sans airbag de passager, en fonction du kilométrage ***		

Après la révision générale	Pas correct ×	Correct ✓
38 **CO :** ____ mesuré en %		
39 Effectuer un test de conduite, contrôler le bon fonctionnement de tous les systèmes et confirmer par une signature		

Révision : technique, peinture et rouille, effectuée, cahier d'entretien tamponné.

Signature : ______________ **Date:** __________

1. Pourquoi la maintenance d'un véhicule automobile dans un atelier sous contrat est-elle indispensable?

2. Comment le détenteur d'un véhicule sait-il à quelle date une révision générale doit avoir lieu ?

3. En quels secteurs se divise le plan de révision présenté ?

4. Marquez d'une couleur les titres de ces secteurs.

5. Sur le plan de révision présenté, quels travaux de maintenance doivent être effectués sur un EURO 200 âgé de 2 ans au bout de 40 000 km ? Complétez le tableau.

Travaux de maintenance	Numéros de position dans le plan de révision
Entretien	
Inspection	
Travaux d'entretien	

6. Quelle particularité présente le plan de révision des véhicules ayant un moteur diesel ?

7. Dans le plan d'entretien, selon quels points de vue peuvent être fixés les intervalles de révision d'un véhicule ?

8. Quel travail de maintenance doit être effectué pour la première fois au bout de 36 mois ?
Numéro de position : ________
Travail : ____________________

9. Complétez le tableau pour les travaux de maintenance à effectuer pour la première fois au bout de 10 ans.

Numéro de position	Travail à effectuer

10. Dans le plan de révision, marquez de différentes couleurs les lignes concernant les travaux relatifs au temps passé pour les travaux de révision et pour les travaux de maintenance.

EUROPA LEHRMITTEL	**Technique automobile** **Agents du moteur et matières auxiliaires** **Liquides dans les véhicules**	Nom :		
		Classe :	Date :	Feuille N°:

1. **Qu'entend-on par agents du moteur et matières auxiliaires?**

Agents du moteur :

Matières auxiliaires :

2. **Complétez le tableau et indiquez les caractéristiques essentielles des agents du moteur et des matières auxiliaires.**

	Nom du liquide	Partie d'une révision oui/non	Quantité dans une voiture en litres	Caractéristiques essentielles du liquide

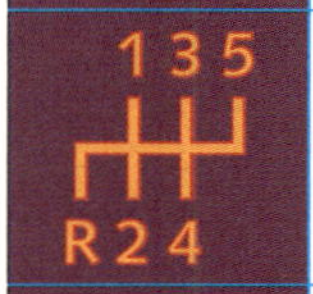				

EUROPA LEHRMITTEL	**Technique automobile** **Agents du moteur et matières auxiliaires** **Marquage et élimination**	Nom :		
		Classe :	Date :	Feuille N°:

1. **De nombreuses matières utilisées dans les véhicules et les ateliers peuvent être dangereuses pour notre santé. Afin de pouvoir prendre des mesures de sécurité, les récipients de ces matières sont marqués. Écrivez en face des symboles et des lettres leur signification et recherchez pour chacun un exemple.**

F 		C 	
T 		Xn 	

2. **Quels récipients sont interdits pour les matières dangereuses ?**

3. **Les agents du moteur utilisés pour les travaux d'entretien doivent être, si possible, recyclés. Cependant, pour ce faire, il est nécessaire de bien reconnaître les liquides et de les regrouper par sorte.**

Avec un livre de tableaux, recherchez les numéros clés pour les liquides suivants et déterminez dans quels récipients de récupération les matières auxilaires doivent être collectées.

	Type de déchet	Numéro de code du type de déchet	Récipient de récupération utilisé
Un client charge l'atelier d'effectuer une vidange d'huile.			
Lors de la vidange d'huile, il faut aussi remplacer le filtre à huile.			
Un client achète un bidon de 5 litres d'huile moteur et le lendemain, il rapporte 5 litres d'huile usagée.			
Sur une voiture, il faut remplacer le liquide de frein.			
Le liquide de refroidissement est remplacé dans l'atelier.			
L'huile moteur goutte sur le sol de l'atelier et elle est liée avec de la sciure.			
Au bout d'environ 100 000 km, l'huile de boîte de vitesses est vidangée dans l'atelier.			

4. **Pourquoi utilise-t-on des numéros de code ?**

EUROPA LEHRMITTEL

Technique automobile

Protection du travail et de l'environnement

Nom :		
Classe :	Date :	Feuille N° :

Dans un atelier, il existe plusieurs sources de danger. Afin de prévenir les accidents, on utilise différentes couleurs de sécurité pour marquer l'interdiction, l'avertissement, l'obligation et le secours.

1. Sur les signes de sécurité représentés, appliquez les couleurs de sécurité prescrites et complétez le tableau.

Signe	Signification	Type de signe	Signe	Signification	Type de signe

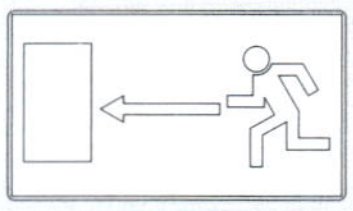					

2. Quelles nuisances pour l'environnement peuvent se produire du fait du fonctionnement et de l'entretien des véhicules automobiles ? Donnez pour chacune 2 exemples.

Type de nuisances	La nuisances se produit par
Pollution de l'air	
Pollution des eaux	
Pollution du sol	
Bruits	

3. Les matières plastiques sont marquées pour le recyclage. À partir des abréviations déterminez les noms des matières plastiques et indiquez leur possible utilisation dans la voiture.

Abréviation	Nom de la matière plastique	Utilisation dans la voiture
PA		
PUR		
PMMA		
PE		

4. Pourquoi les matières synthétiques doivent-elles être marquées ?

EUROPA LEHRMITTEL

Technique automobile

Protection de l'environnement
Élimination des déchets

Nom :		
Classe :	Date :	Feuille N° :

5. **Quels principes de base sont fixés dans la législation sur le cycle économique et les déchets ?**

Sigle du recyclage

Les déchets doivent

si cela n'est pas possible

les déchets doivent

si cela n'est pas possible

les déchets doivent

Sigle point vert

6. **Un atelier de mécanique auto génère différents déchets. Classez les déchets suivants dans un tableau : déchets professionnels triés, déchets de métaux non ferreux, boues, liquides de frein, pneus usés, huiles usagées non recyclables, verre, déchets de peinture non durcis, filtres à huile.**

Déchets à recycler	Déchets à éliminer

7. **Afin que les huiles et les carburants ne pénètrent pas dans les égouts, les ateliers doivent être équipés de séparateurs d'huile et de carburant. Expliquez le principe d'une telle installation.**

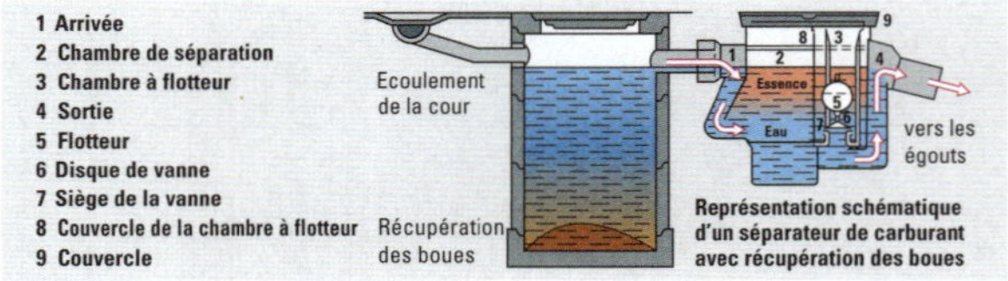

Représentation schématique d'un séparateur de carburant avec récupération des boues

8. **Une vieille voiture doit être définitivement mise hors service. Complétez le diagramme.**

Vieille voiture

p. ex. concessionnaire automobile

p. ex. casse

Office de la circulation

Administration, par exemple office de l'environnement

9. **Quelle procédure doit être respectée pour la mise hors service d'une vieille voiture ?**

EUROPA LEHRMITTEL	**Technique automobile** **Moteur à quatre temps** **Structure** **Feuille 1**	Nom :		
		Classe :	Date :	Feuille N° :

1. **Dans la vue en coupe simplifiée d'un moteur à quatre temps, nommez les expressions correctes correspondant aux chiffres indiquant les parties.**

   Les parties sont numérotées en fonction de l'appartenance à chaque composant.

2. **Marquez les éléments du mécanisme d'embiellage et de la commande moteur avec une couleur précise.**

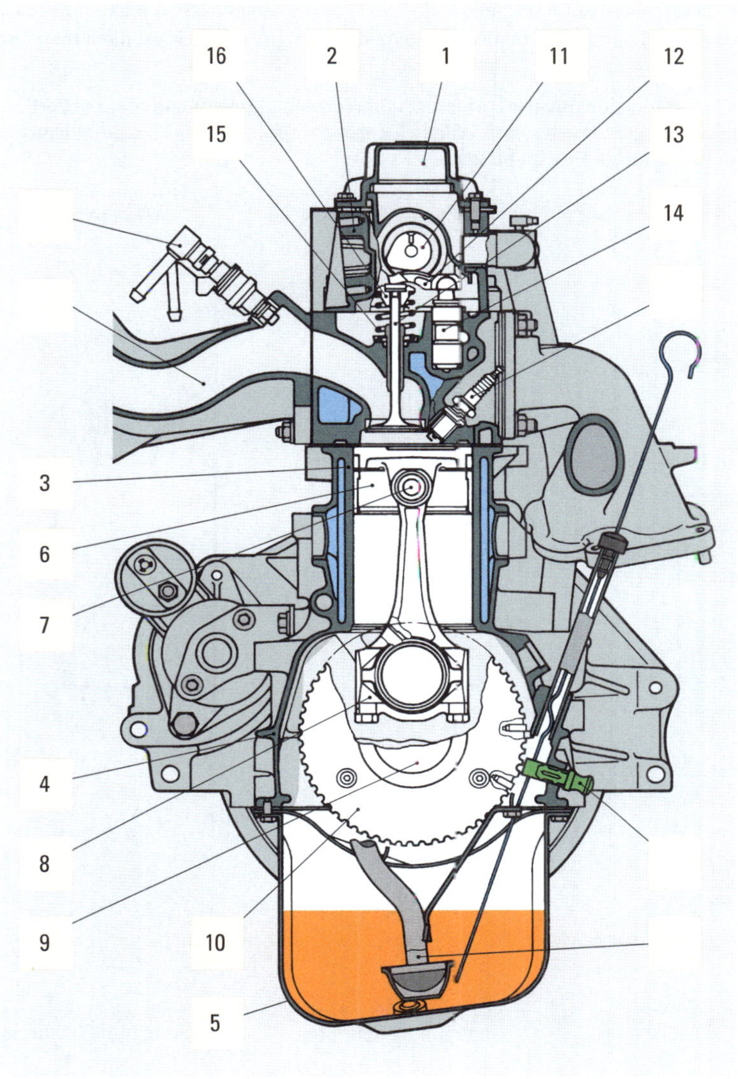

Carter du moteur

1 ____________________

2 ____________________

3 ____________________

4 ____________________

5 ____________________

Mécanisme d'embiellage

6 ____________________

7 ____________________

8 ____________________

9 ____________________

10 ____________________

Commande moteur

11 ____________________

12 ____________________

13 ____________________

14 ____________________

____

15 ____________________

16 ____________________

3. **Inscrivez les numéros d'affectation manquants dans le dessin**

   17 **Indicateur de régime**

   18 **Bougie**

   19 **Canal d'admission**

   20 **Filtre à huile/pompe à huile**

   21 **Soupape d'injection**

EUROPA LEHRMITTEL	**Technique automobile** **Moteur à quatre temps** **Structure des 4 temps** **Feuille 2**	Nom :		
		Classe :	Date :	Feuille N° :

1. **Nommez chaque temps.**
2. **Sur les cylindres, indiquez les repères PMH (point mort haut) et PMB (point mort bas) et marquez ces points avec PMH et PMB. Inscrivez aussi PMH et PMB sur les cercles du vilebrequin.**
3. **Indiquez le sens de déplacement des pistons par une flèche.**
4. **Complétez la bielle et le vilebrequin en fonction de la position du piston.**
5. **Pour chaque temps, dessinez les soupapes.**
6. **Inscrivez dans le tableau pour chaque temps,**
   - **si les soupapes d'admission et d'échappement sont ouvertes ou fermées**
   - **le secteur d'ouverture et de fermeture de la soupape d'admission et d'échappement**
   - **les températures max. dans le cylindre**
   - **les pressions max. dans le cylindre.**

   Pour ce faire, utilisez le livre de tableaux.
7. **Inscrivez les temps d'ouverture et de fermeture Ao (admission ouverte), Af (admission fermée), Eo (échappement ouvert), Ef (échappement fermé) dans le cercle du vilebrequin du temps correspondant. Utilisez les valeurs d'un moteur du livre de tableaux. Pour chaque temps, appliquez une couleur du cylindre au-dessus du piston.**

1er temps	2ème temps	3ème temps	4ème temps

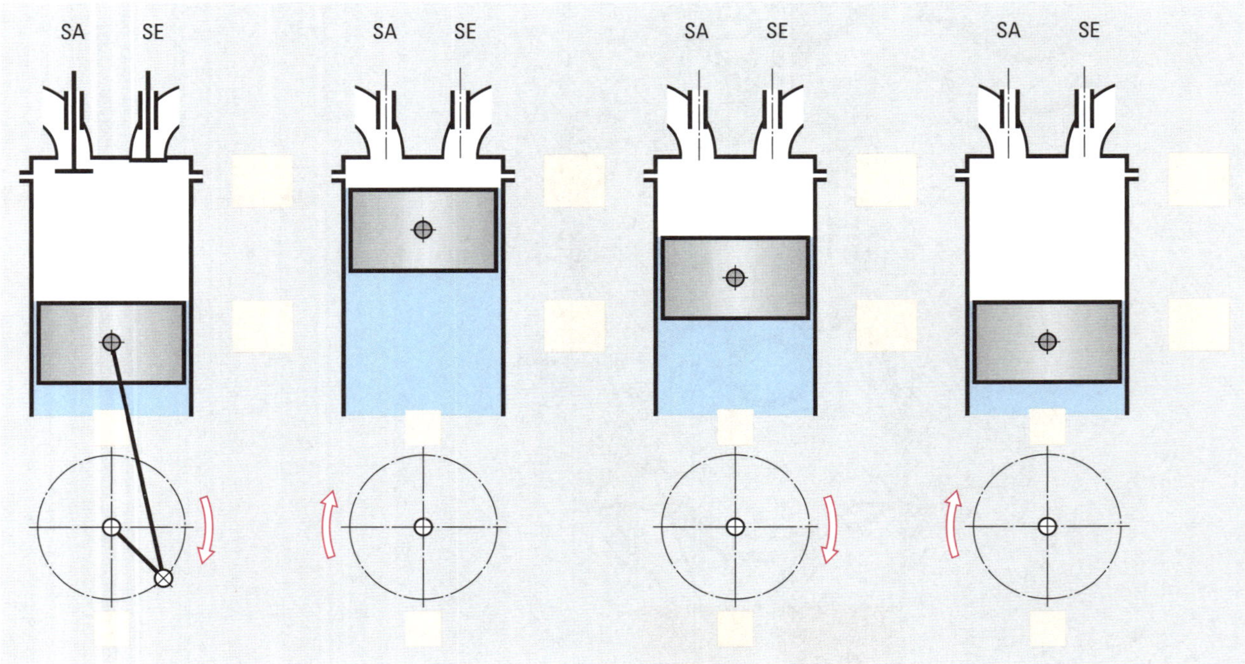

Soupape d'admission	Soupape d'admission	Soupape d'admission	Soupape d'admission
Soupape d'échappement	Soupape d'échappement	Soupape d'échappement	Soupape d'échappement
Température dans le cylindre	Température dans le cylindre	Température dans le cylindre	Température dans le cylindre
Pression dans le cylindre	Pression dans le cylindre	Pression dans le cylindre	Pression dans le cylindre

Huiles moteur

1. Sur une voiture avec un moteur turbo-diesel, il faut effectuer une vidange d'huile. Selon les consignes, il faut utiliser l'huile indiquée sur le bidon d'huile. Expliquez les désignations :

SAE 15W-50:

API SG/CF 4:

ACEA A2-96/B2-96:

2. Qu'entend-on par viscosité ?

3. Comment se comporte une huile de lubrification ayant une faible viscosité en hiver, respectivement en été ?

Hiver :

Eté :

4. Dans le diagramme de température/viscosité sont représentées les droites d'une huile monograde et d'une huile multigrade. Affectez correctement ces expressions à l'huile 1 et à l'huile 2.

Huile 1 :

Huile 2 :

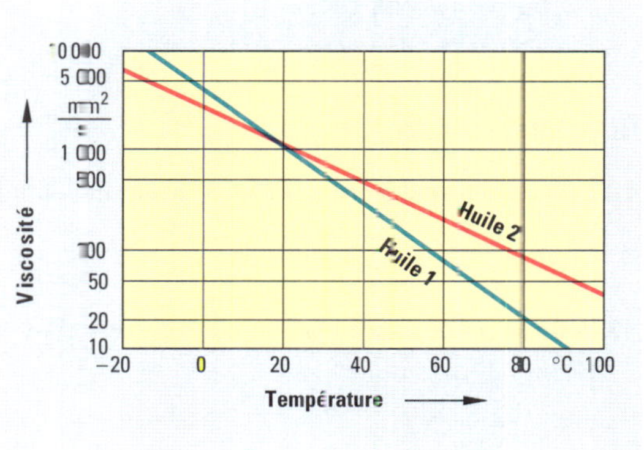

5. Quel avantage offre l'huile 2 par rapport à l'huile 1 ?

6. Par rapport à l'huile 1, l'huile 2 a un indice de viscosité plus élevé. Expliquez cette affirmation au moyen du diagramme.

7. Que sont les additifs et où sont-ils employés ?

8. Quelle affirmation peut-on faire sur le chiffre des classes SAE ?

9. Au moyen du livre de tableaux ou du livre des matières spécialisées, recherchez les huiles correspondantes pour les voitures à moteur à 4 temps et à moteur diesel et inscrivez les désignations dans le tableau.

	Classe API	Classe CCMC	Classe de performance ACEA
Moteur à 4 temps			
Moteur diesel			

Huiles de boîtes de vitesses

10. Quelles exigences doivent remplir les huiles de boîtes de vitesses ?
Donnez pour chacune un exemple.

11. Inscrivez dans le tableau des exemples pour chaque classe de performance indiquée d'huiles de boîtes de vitesses.

Condition d'utilisation	ATF	Classe API	Classe SAE
Boîtes de vitesses, boîtes d'essieu avec peu de décalage			
Boîtes de vitesses, boîtes d'essieu avec un grand décalage			
Boîtes automatiques			

Graisses de lubrification

12. Comment sont fabriquées les graisses de lubrification ?

13. Quelles graisses de lubrification différencie-t-on selon le type d'agent épaississant ? Indiquez la base de savon.

14. Quelle graisse de lubrification convient à la lubrification des roulements et quelle propriété doit-elle posséder ?

15. Qu'entend-on par graisses de lubrification EP ?

EUROPA LEHRMITTEL	**Technique automobile** **Frottement**	Nom :		
		Classe :	Date :	Feuille N° :

1. **Quelles forces peuvent être transmises par un pneu sur la route ?**

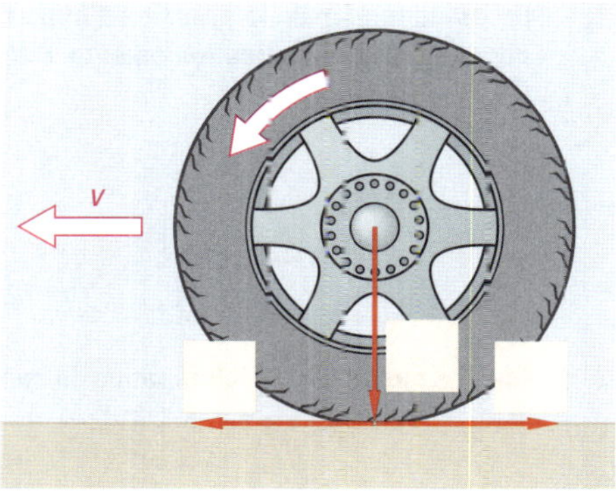

2. **Comment s'appelle la force qui provoque cette transmission de force ?**

3. **De quoi dépend la force de frottement ?**

4. **Comment agit sur un corps**
   la force verticale ?
   la force de frottement ?

5. **Inscrivez en couleur sur l'illustration la force verticale F_V, la force de frottement F_F et la force d'entraînement F_E.**

6. **On différencie trois types de frottement. Placez dans le tableau le bon type de frottement pour chaque exemple.**

Frottement	Type de frottement	Frottement	Type de frottement
Pneu transmet les forces de guidage latérales		Arbre rotatif dans la coquille de coussinet	
Roue bloquante		Frottement dans un palier de roue	

7. **Au niveau technologique, on différencie, selon le film lubrifiant, différents états de frottement. Dessinez en couleur dans les illustrations le lubrifiant et complétez le tableau.**

	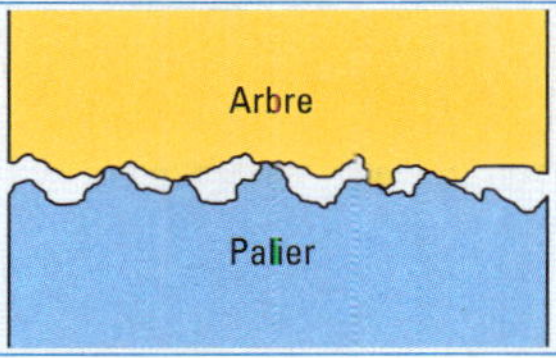	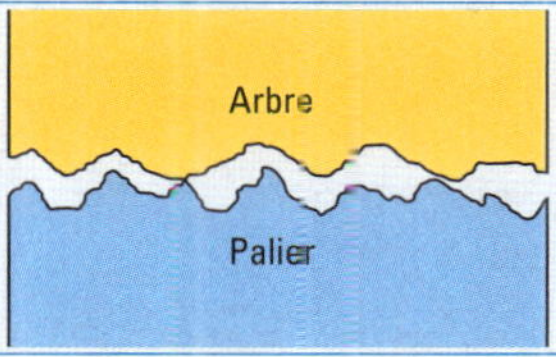	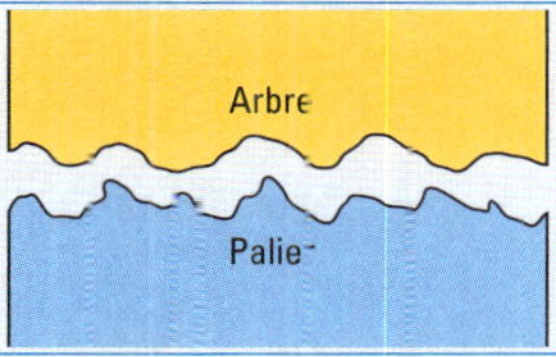
État de frottement			
Nombre de points de contact			
Conséquences			

8. **Complétez le tableau**

Force	Abréviation	Unité	Formule de calcul de la force de frottement
Force verticale		N	
	μ		
	F_F		

9. **Le test détermine qu'un pneu peut transmettre une force de 3780 N en démarrant avec une charge de 4200 N sur une chaussée sèche. Sur le verglas, ce coefficient de frottement descend à 0,2.**

   a) **Calculez le coefficient de frottement pour la conduite sur chaussée sèche.**

   b) **Quelle force d'entraînement peut être transmise sur le verglas ?**

   c) **Pourquoi les roues motrices ont plus tendance à patiner sur le verglas que sur chaussée sèche ?**

1. **La lampe témoin de la pression d'huile d'une voiture clignotent occasionnellement; cependant on n'entend pas de bruits de cognement dans les roulements. Citez trois causes possibles.**

2. **Quelles fonctions a la lubrification du moteur ?**

3. **Nommez les pièces numérotées du système de circulation de la lubrification et affectez les chiffres du schéma aux termes cités.**

1		4			Filtre à huile du flux principal
2		5			Radiateur à huile
3		6			Vanne thermostatique du radiateur à huile
					Cartouche filtre fin

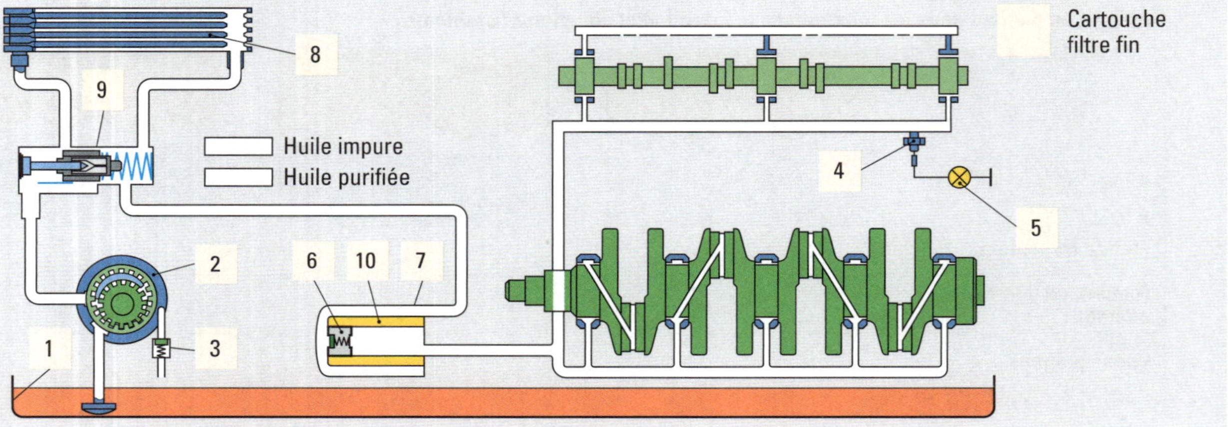

4. **Dessinez le flux de l'huile, pour l'huile non filtrée et l'huile filtrée, avec différentes couleurs, lorsque le moteur est chaud.**

5. **Quel pourcentage d'huile est filtré durant le fonctionnement du moteur dans le composant N° 7 ?**

6. **Quel effet a une cartouche de filtre bouchée sur la circulation d'huile ?**

7. **Quelle fonction a le composant N° 8 ?**

8. **Complétez le tableau pour la vanne thermostatique N° 9.**

Huile moteur	Position du coulisseau	Conduite vers le radiateur à huile	Canal de contournement dans la vanne thermostatique
	à gauche		
chaude			

EUROPA LEHRMITTEL	**Technique automobile** **Paliers, joints d'étanchéité** **Roulements** Feuille 1	Nom :		
		Classe :	Date :	Feuille N° :

1. **Nommez les deux types de paliers et leur structure. Donnez pour chacun un exemple d'application.**

Type de palier		
Structure		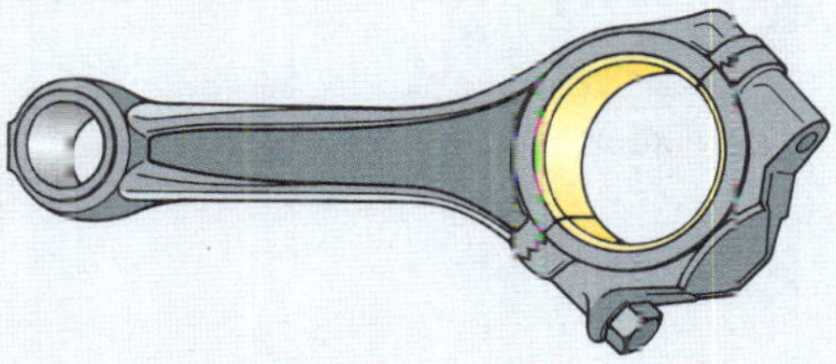
Utilisation		

Roulements

2. **Nommez les types de roulements. Dessinez les orientations possibles de charge avec des flèches de couleur et indiquez les charges possibles.**

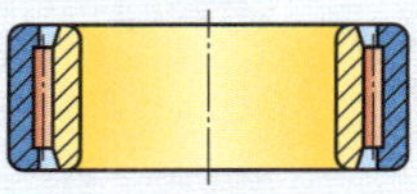	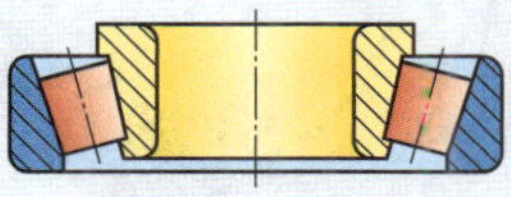	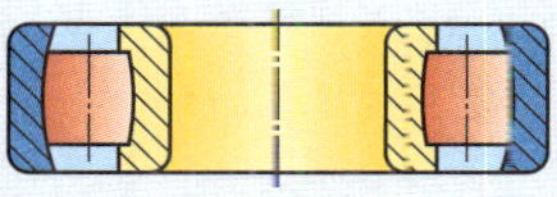
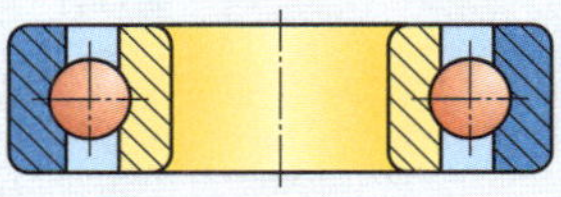	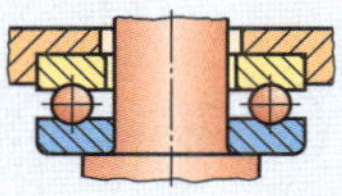	

3. **Numérotez les opérations de démontage d'un roulement de roue arrière.**
Complétez le tableau du plan de travail.

Opération	**N°**	**Outils et moyens nécessaires**
Démonter le tambour de frein		
Retirer le roulement du moyeu		
Enlever le capuchon de graissage		
Lever l'arrière de la voiture		
Enlever le circlip du roulement		
Démonter la roue arrière		

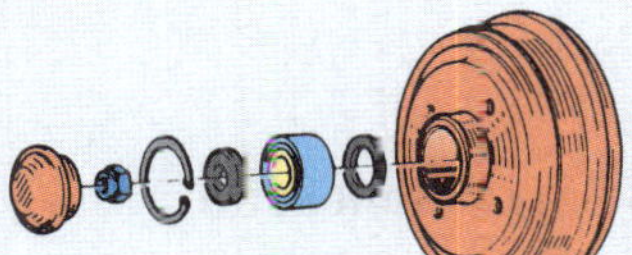

4. **De quel type de montage de roulement s'agit-il pour le roulement représenté ? Quels types de jeu axial sont possibles ?**

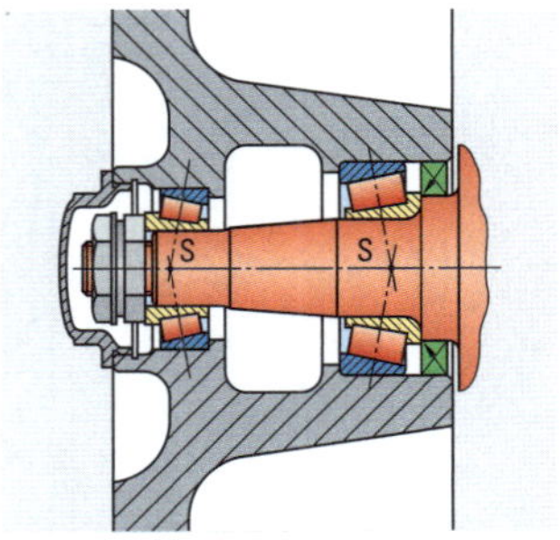

EUROPA LEHRMITTEL

Technique automobile

Paliers, joints — **Feuille 2**

Paliers lisses, joints d'étanchéité

Nom :

Classe : | Date : | Feuille N° :

Paliers lisses

5. **Comment se différencient les paliers lisses en fonction de leur structure ? Complétez le tableau.**

Modèle		
Utilisation		

6. **Décrivez la constitution d'un palier à trois matériaux. Indiquez les matériaux des couches du palier.**

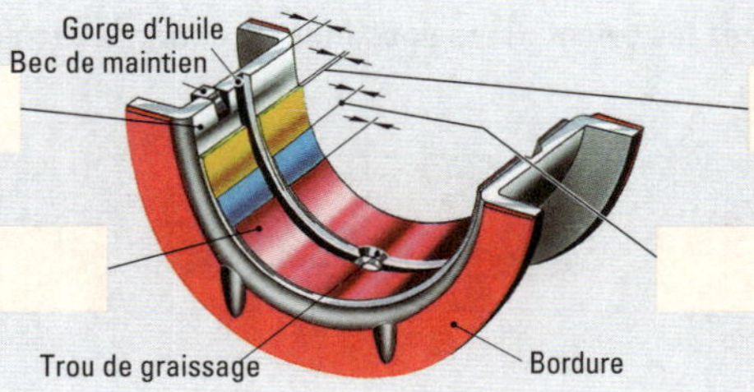

7. **Dessinez dans le palier lisse l'allure hydrodynamique de la pression. Quelle conséquence a le « pic de pression » pour l'arbre ?**

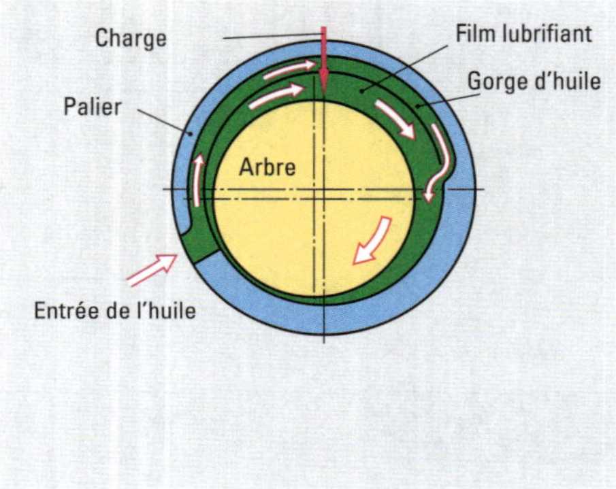

7.1 **Quel type de frottement y a-t-il dans ce cas ?**

8. **Quelles exigences sont imposées aux matériaux du palier lisse ?**

Joints d'étanchéité

9. **Quelles fonctions remplissent les joints dans une voiture ?**

10. **Nommez les pièces d'un joint radial d'arbre. Où est-il utilisé dans la voiture ?**

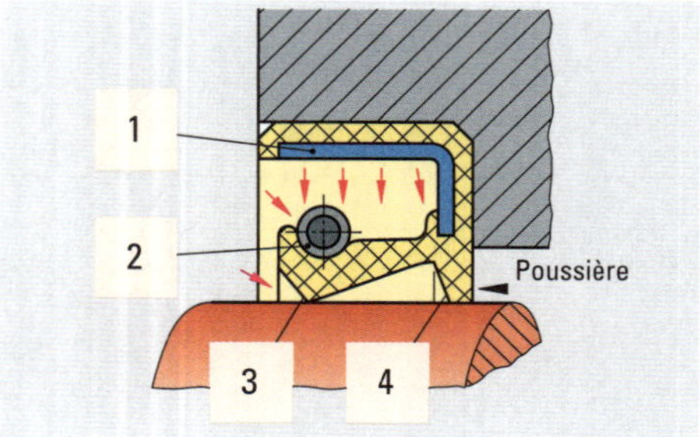

1   2

3   4

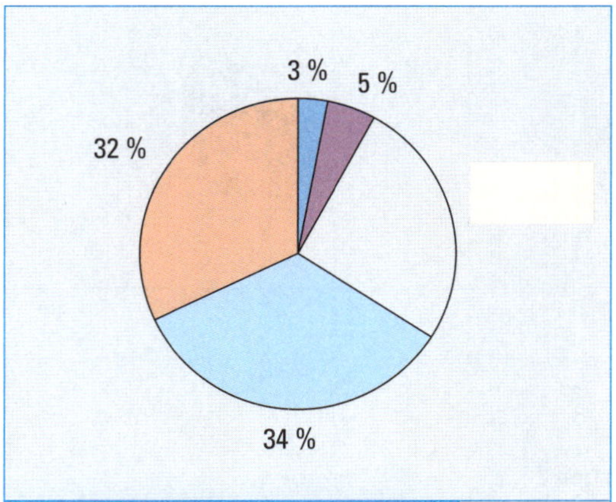

Chaleur diffusée	
Frottement, entraînements auxiliaires	
Travail utile	
Chaleur des gaz d'échappement	
Chaleur du liquide de refroidissement	

Lors de la combustion du carburant dans le moteur, seule une partie de l'énergie libérée est utilisée en travail utile et transmise aux roues. La plus grande partie de l'énergie ne peut pas être utilisée pour l'entraînement de la voiture.

1. **Le diagramme circulaire montre la répartition de l'énergie pour un moteur à quatre temps. Complétez le tableau.**
2. **Dans le diagramme, inscrivez le pourcentage du travail utile et marquez le secteur dans le tableau et dans le diagramme d'une couleur particulière.**
3. **Dans un bilan énergétique (diagramme de Sankey), on peut représenter, voire suivre le flux de l'énergie. Dans le diagramme de Sankey suivant, les courants d'énergie sont déjà marqués pour la chaleur diffusée ainsi que le travail de frottement ; 1 mm ≙ 1%.**
   a) **Dessinez encore les courants d'énergie pour le travail utile, pour la chaleur des gaz d'échappement et pour la chaleur du liquide de refroidissement en utilisant les valeurs du diagramme ; 1 mm ≙ 1%.**
   b) **Inscrivez les désignations manquantes et les pourcentages dans les courants d'énergie.**
   c) **Marquez les courants d'énergie de différentes couleurs en utilisant la répartition des couleurs du diagramme circulaire.**

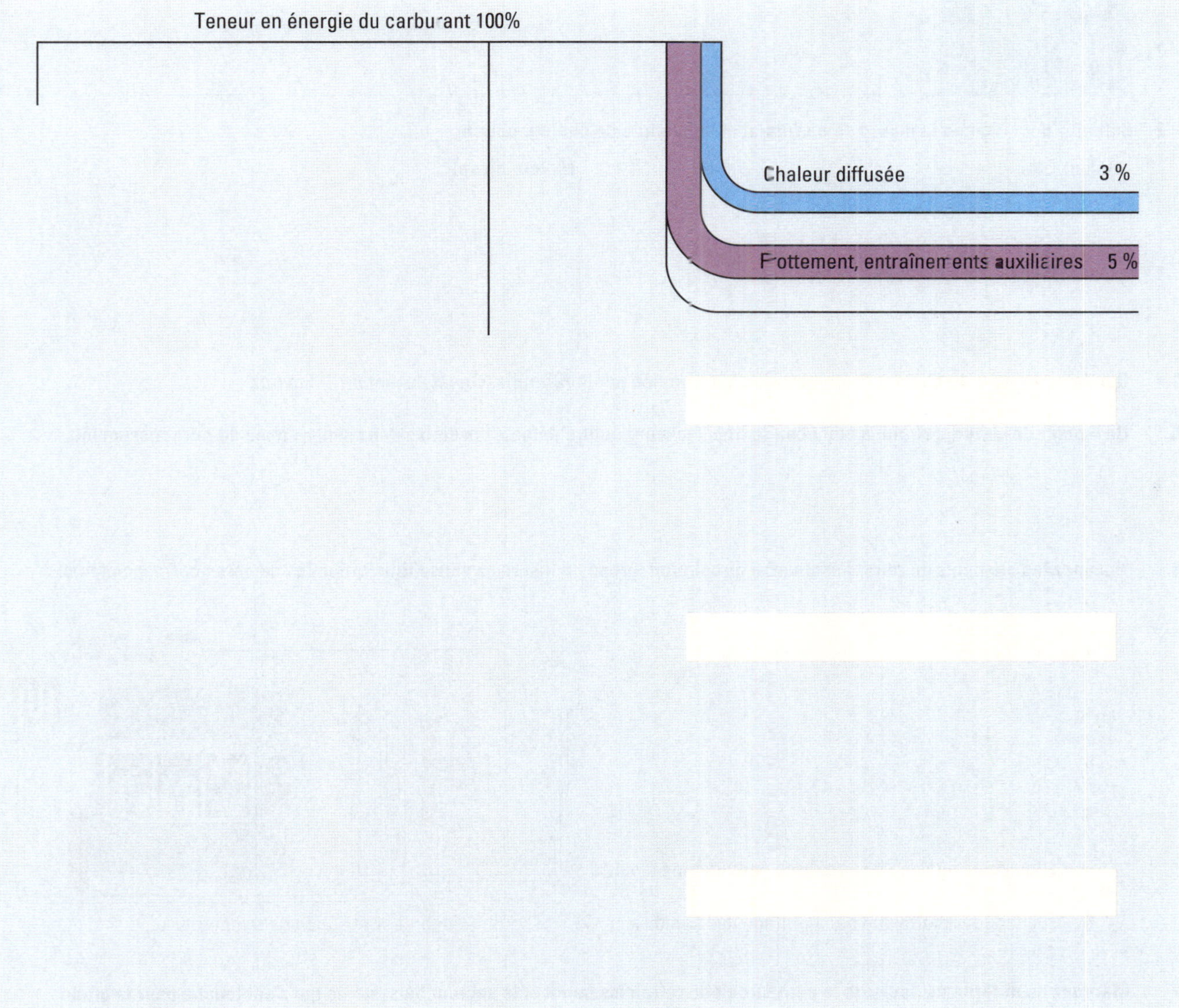

EUROPA LEHRMITTEL	**Technique automobile** **Refroidissement du moteur** **Feuille 2**	Nom :		
		Classe :	Date :	Feuille N° :

1. Complétez le tableau pour les systèmes de refroidissement représentés.

	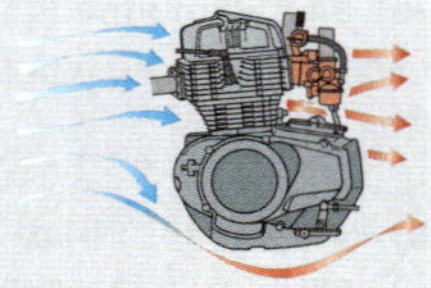	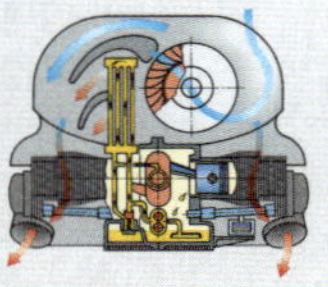	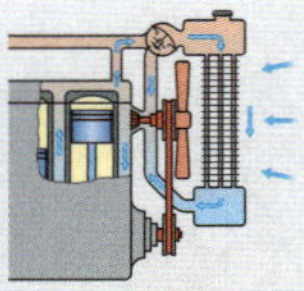
Type de refroidissement			
Liquide de refroidissement			
Application, p. ex.			

2. Pourquoi le système de refroidissement doit-il évacuer la chaleur de combustion ?

3. Une voiture particulière avec un moteur à quatre temps a besoin de 9,2 litres pour parcourir 100 km ; le véhicule de même type, avec un moteur diesel, a besoin de 6,5 litres de diesel pour faire le même trajet.

3.1 Complétez le tableau

Carburant	**Densité en** ϱ ______	**Pouvoir calorifique spécifique** H_u **en** ______
Essence		
Diesel		

3.2 Calculez pour chacun la masse de carburant et la quantité de chaleur pour le

Moteur Otto **Moteur diesel**

4. Quelle quote-part de chaleur de combustion est évacuée par le refroidissement du moteur ? Environ : ______

5. Un moteur de voiture refroidi à eau chauffe trop. Nommez quatre défauts possibles dans son système de refroidissement.

6. Nommez les éléments du refroidissement à circulation forcée ou inscrivez dans l'illustration les numéros correspondants.

1	
2	
3	
4	
5	Pompe de liquide de refroidissement (pompe à eau)
6	Échangeur thermique du chauffage de la voiture
7	Thermo-contacteur et sonde de température

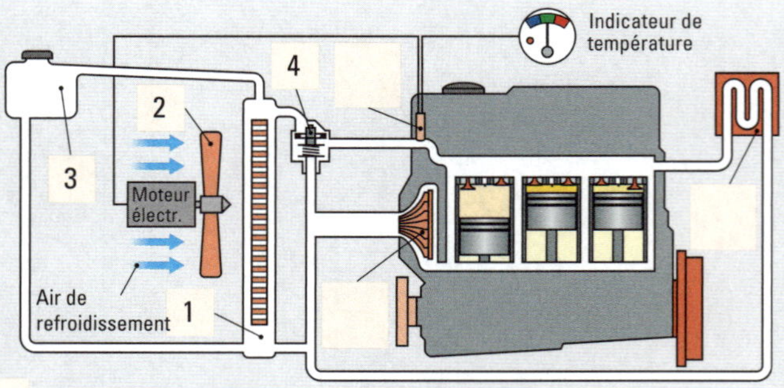

7. Marquez de différentes couleurs le petit circuit de refroidissement et le secteur du système qui s'enclenche pour le grand circuit de refroidissement.

EUROPA LEHRMITTEL	**Technique automobile** **Roues, pneus** **Feuille 1** **Principes de base**	Nom :		
		Classe :	Date :	Feuille N° :

1. **Dans l'illustration en coupe d'une suspension, inscrivez les références manquantes sur la roue et sur les parties de la suspension ; complétez les désignations.**

1	Disque de roue	7	
2	Diamètre de la jante	8	
3	Moyeu de la roue	9	
4	Pivot de fusée d'essieu	10	
5	Epaulement	11	
6	Vis de roue	12	

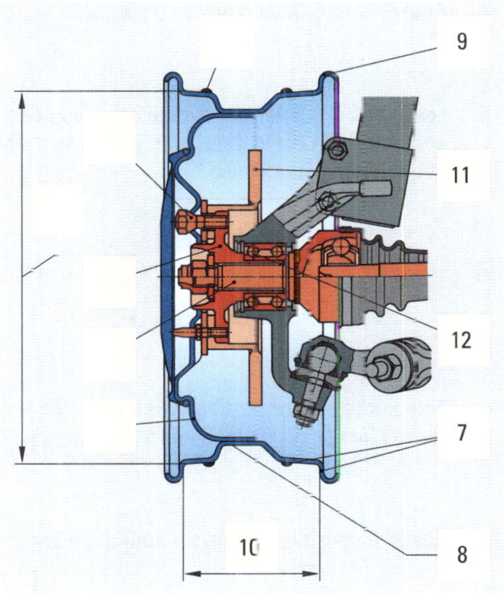

2. **Expliquez les dimensions et les désignations de la jante 61/2 J x 15 H2 ET 46.**

61/2

J

x

15

H2

ET 46

3. **Qu'indique le déport de roue ET 46 ?**

4. **Pour la désignation de pneu indiquée, inscrivez la signification des lettres et chiffres.**

195

65

R

15

91

H

5. **Quelle indication doit être identique dans la désignation de la jante et du pneu ?**

6. **Dans le tableau de pneu, à la circonférence de roulement 1920, recherchez deux pneus avec différents diamètres intérieurs.**

7. **Pourquoi, pour de nombreux véhicules, choisit-on aujourd'hui des pneus avec un plus grand diamètre intérieur pour une même circonférence de roulement ?**

EUROPA LEHRMITTEL	**Technique automobile** **Roues, pneus** **Principes de base**	**Feuille 2**	Nom :		
			Classe :	Date :	Feuille N° :

8. **Quels sont les deux types de pneus différents ?**

9. **Les pneus d'une voiture ont été usés jusqu'à une profondeur de sculpture de 1,6 mm. Quel effet a ceci au freinage sur route mouillée et quelle en est la cause ?**

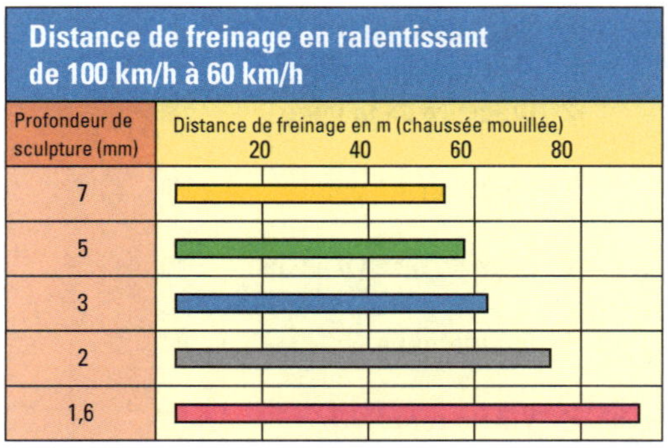

10. **Déterminez à partir du diagramme comment la distance de freinage change lorsque la scultpure de 5 mm n'est plus que de 1,6 mm.**

11. **Quelle disposition légale est appliquée pour la profondeur minimum de sculpture ?**

Remarque :
La profondeur de sculpture est mesurée dans les gorges principales. Celles-ci couvrent environ ¾ de la largeur de bande de roulement.

12. **Quelle signification a la désignation TWI mentionnée dans l'illustration ?**

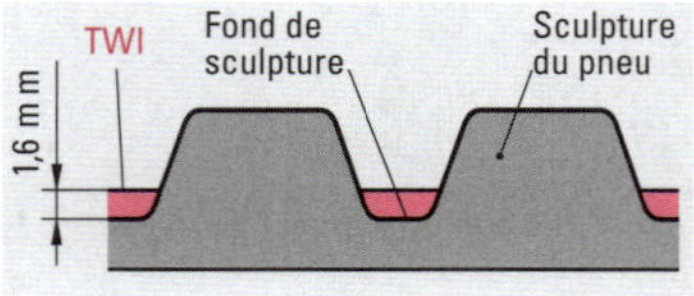

13. **Sur le pneu, on trouve les signes ci-contre. Que signifient-ils ?**

408 ◄

Remarque :
Le triangle s'applique aux années 1990 à 1999. À partir de 2000, le nombre est à quatre chiffres.

14. **Pour le pneu 195/65 R 15 91 H, déterminez la hauteur H.**

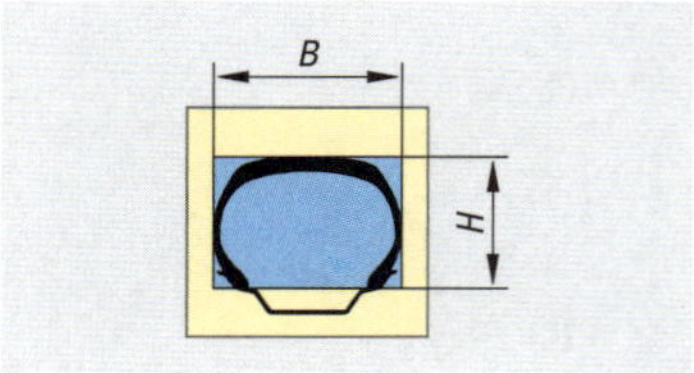

15. **Le pneu 195/65 R 15 91 H atteint, durant le trajet, une vitesse de rotation de 1650 t/mn. En vous servant du tableau de pneus dans le livre de tableaux Technique automobile, trouvez la circonférence de roulement du pneu et déterminez la vitesse du véhicule.**

Circonférence de roulement du livre de tableaux :

U_{dyn} =

16. Quels travaux faut-il effectuer sur la roue après le démontage d'un pneu usé ?

Valve	
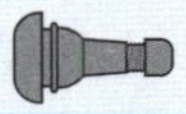	
Jante/roue	
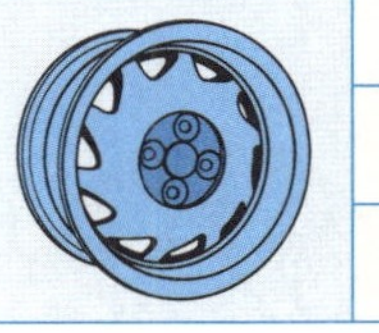	

17. Décrivez les opérations pour le montage d'un pneu neuf sur une jante en alliage léger.

Papiers de la voiture (carte grise)	
Lubrifiant	
Montage	
Pneu	
Valve	
Remarque :	Afin d'éviter de casser le talon, les talons de pneus doivent franchir le bourrelet avec une pression inférieure à 3,3 bar (pression de passage). Augmenter la pression à 4 bar (pression de mise en place) pour que les talons appuient bien contre la jante ; les lignes de référence des talons doivent avoir la même distance par rapport aux rebords de jante.
Pression du pneu	
Équilibrage	

18. Que faut-il faire après le montage des roues sur le véhicule ?

19. Quelle signification a l'autocollant sur le tableau de bord ?

20. Pourquoi les roues doivent être équilibrées ?

21. Qu'entend-on par déséquilibre statique et quelles conséquences en résulte-t-il ?

22. Sur l'illustration 1, la roue possède un déséquilibre statique provoqué par la masse m_1. Dans quelle condition la roue reste-t-elle en équilibre dans chaque position ?

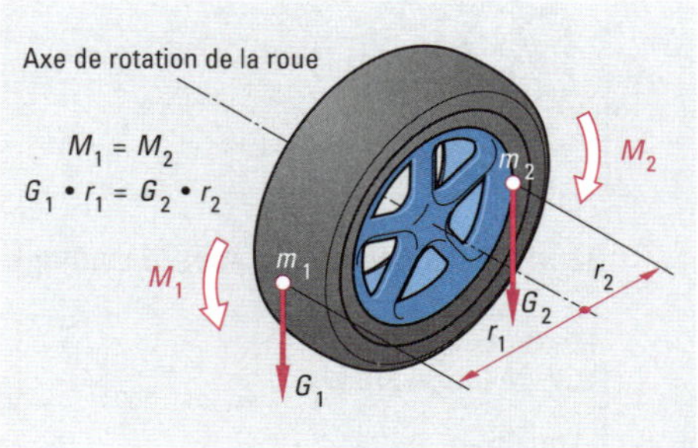

23. Sur un pneu 205/70 R 14, on mesure un déséquilibre de 30 g pour une distance de 295 mm par rapport à l'axe de rotation. Quel doit être le poids de compensation s'il doit être collé à la portée du talon?

24. Pourquoi, une roue ayant un déséquilibre statique possède la plupart du temps un déséquilibre dynamique ?

25. Quels effets peut avoir un déséquilibre dynamique sur la roue ?

26. Pourquoi, sur les pneus larges, le déséquilibre dynamique a plus d'effet que sur les pneus étroits ?

27. Comment le poids de compensation déterminé dans la question 23 doit-il être placé sur la jante de l'illustration 2 pour que la roue ait un équilibrage dynamique ?

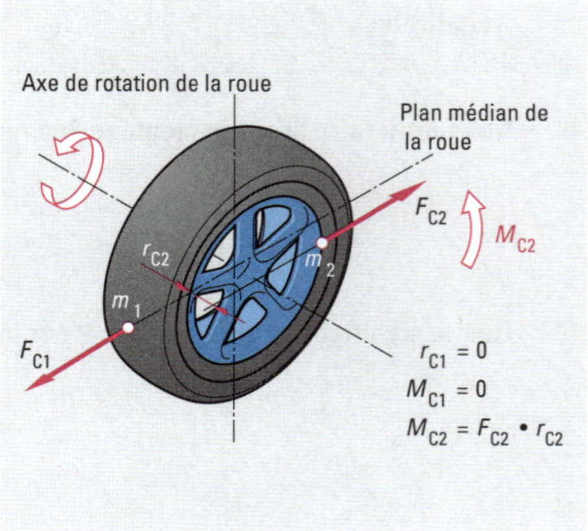

EUROPA LEHRMITTEL

Technique de contrôle

Feuille 1

Nom :		
Classe :	Date :	Feuille N° :

1. Dans le cadre des révisions, le mécanicien doit réaliser différentes procedures de contrôle. Donnez un exemple pour toute la procédure de contrôle.

Procédure de contrôle

Contrôle visuel	Mesures	Calibrer	Contrôle de fonctionnement

2. Nommez les moyens de contrôle.

	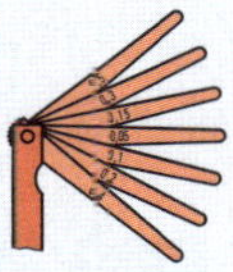	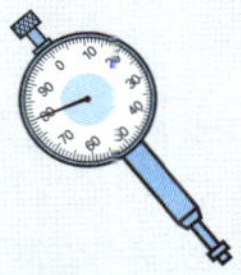
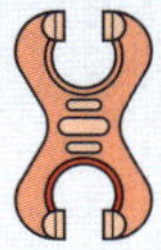	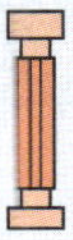	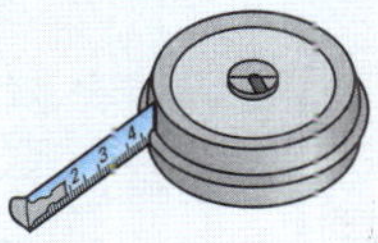
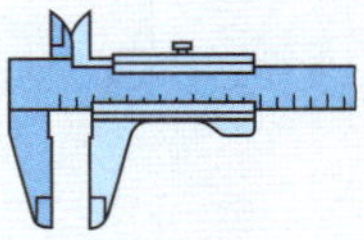	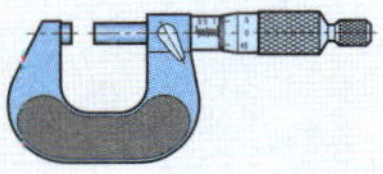	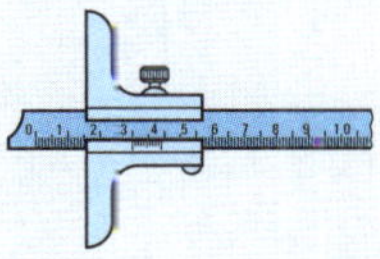

3. L'unité de base de la longueur est le mètre. Convertissez les longueurs.

1m = dm = cm = mm = µm

1,253 m = mm	23,5 dm = cm	2,650 mm = µm
0,056 dm = mm	56 000 µm = cm	205 mm = m
1 pouce = mm	6 540 mm = cm	16 inch = Pouce

4. Inscrivez les valeurs de mesure affichées et indiquez la précision de mesure.

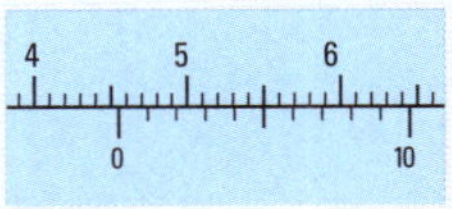 Précision = mm	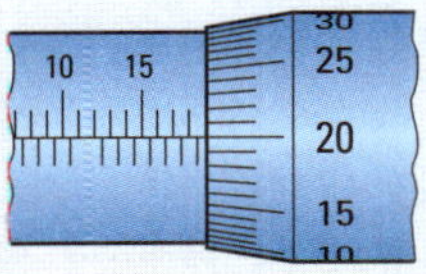 Précision = mm	 Précision = mm
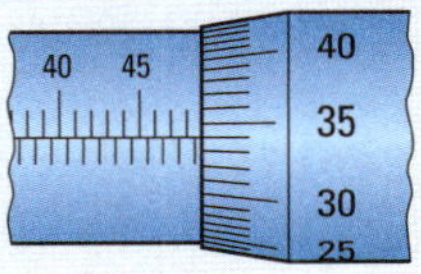 Précision = mm	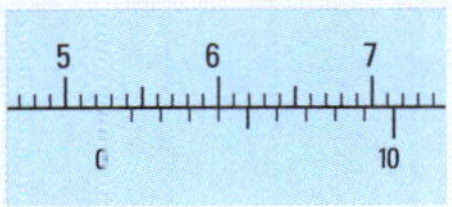 Précision = mm	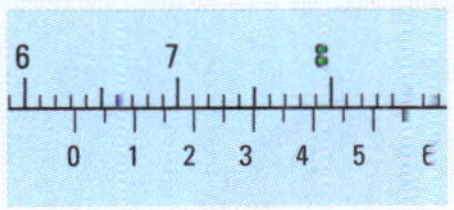 Précision = mm

5. Quelle modification de longueur se produit-il sur une cale-étalon de Johanson de 60 mm lorsqu'on la chauffe de 10°C à 40°C ?

Dans le livre des tableaux : coefficient d'étirement α pour l'acier :

6. Pourquoi la propreté est si importante quand on effectue des mesures ?

7. Pourquoi le chauffeur et le passager lisent des vitesses différentes en regardant le tachymètre ?

8. Réfléchissez avec quelle précision les cotes doivent être déterminées. Choisissez un moyen de contrôle approprié.

	Description du travail	Précision indispensable des cotes	Moyen de contrôle choisi
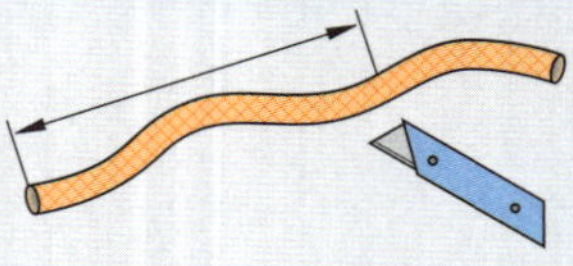	Découper un tuyau de carburant de 0,55 m de long		
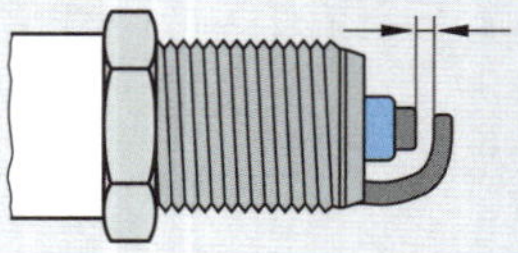	Contrôler l'écartement des électrodes d'une bougie		
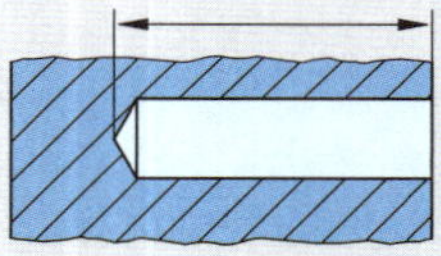	Déterminer la profondeur d'un trou percé		
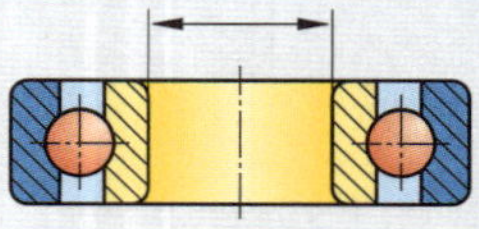	Contrôler le diamètre intérieur d'un palier		
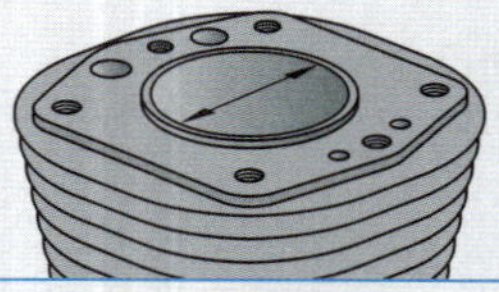	Déterminer le diamètre de l'alésage d'un piston		
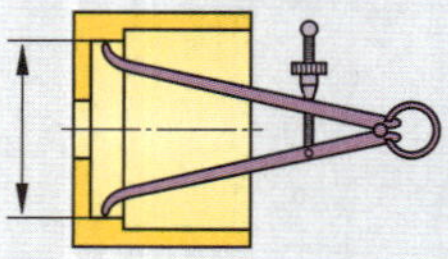	Déterminer le diamètre intérieur d'une douille		
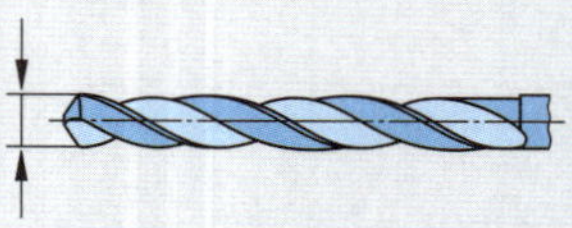	Mesurer un diamètre de foret		
	Contrôler la rotondité d'un disque de frein		

Technique de fabrication
Répartition des processus de fabrication

Nom :		
Classe :	Date :	Feuille N° :

1. Complétez le tableau et indiquez des exemples de pratique pour les procédés de fabrication dans le domaine automobile.
2. Réfléchissez si la forme et la cohésion sont obtenues, modifiées, conservées, diminuées ou augmentées.
3. Déterminez si la masse augmente, diminue ou reste identique.

	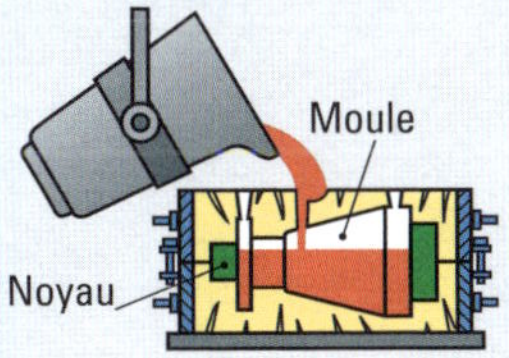	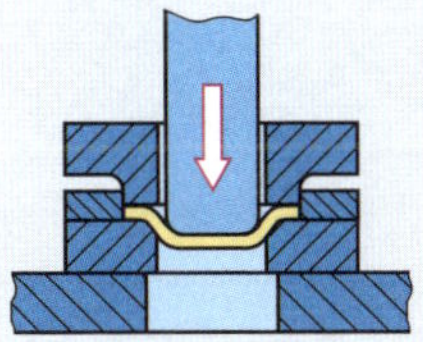 Emboutissage	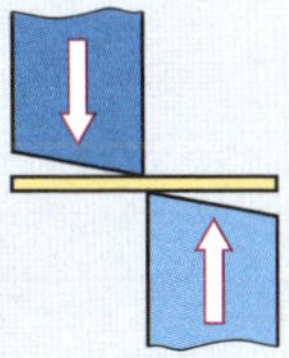 Découpage	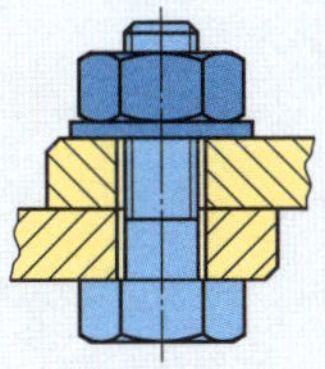 Vissage	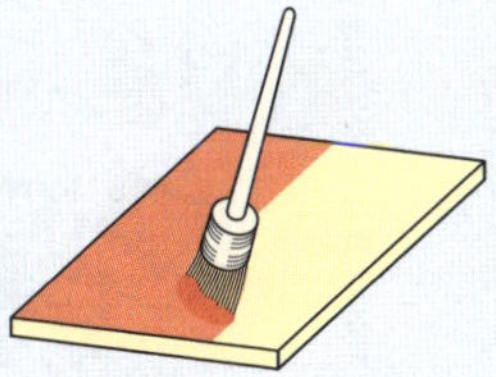	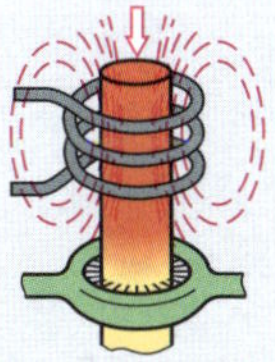 Trempe par induction
Nom du processus de fabrication						
	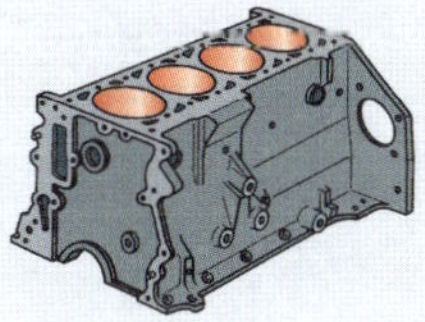	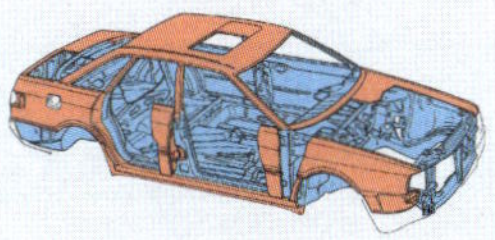	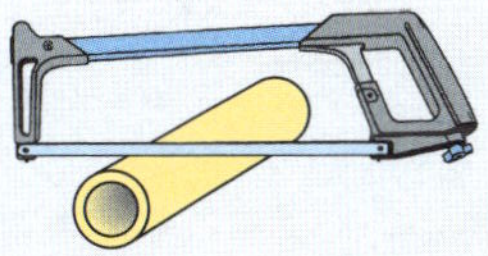	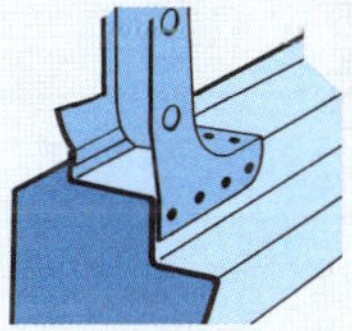		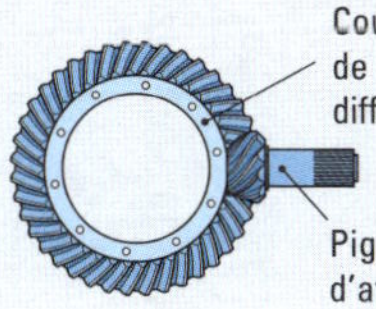
Exemples de pratique dans le domaine automobile						
La forme est						
La cohésion est						
La masse est						

EUROPA LEHRMITTEL

Technique de fabrication
Moulage
Coulée, frittage

Nom :		
Classe :	Date :	Feuille N° :

1. **Différencier les procédés de moulage.**

   Coulée :

   Frittage :

2. **Quels sont les différents procédés de façonnage dans le cas de la coulée ?**

3. **Nommez les procédés de coulée et indiquez les avantages particuliers et les possibilités d'utilisation de chaque procédé.**

	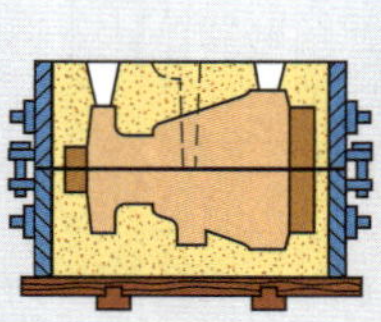	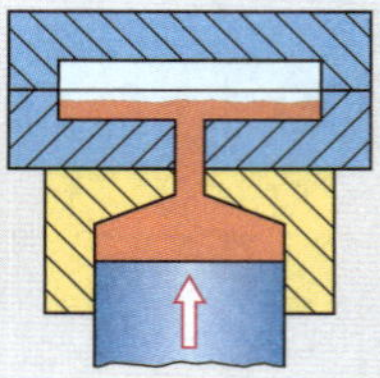	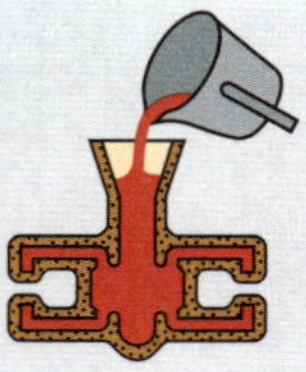	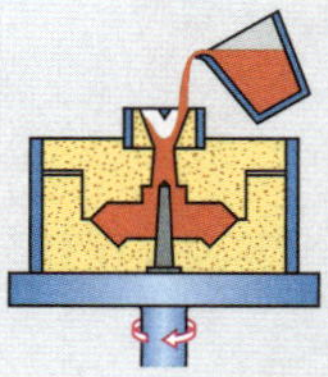	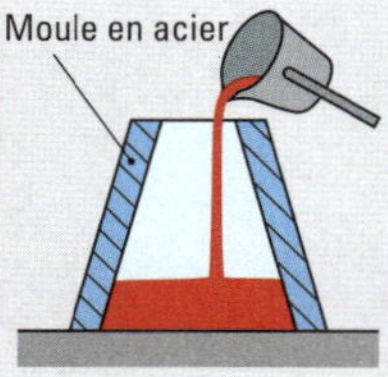
Nom du procédé de coulée					
Avantage du procédé de coulée					
Exemples d'application dans l'automobile					

4. **Quels sont les avantages du frittage ?**

5. **Décrivez la fabrication de pièces frittées. Rangez les termes suivants dans le bon ordre : fritter, remplir, pulvériser, mélanger, presser, calibrer**

6. **Quelles possibilités d'utilisation de matériaux frittés existe-t-il dans l'automobile ?**

EUROPA LEHRMITTEL	**Technique de fabrication** **Formage**	Nom :		
		Classe :	Date :	Feuille N° :

1. **Attribuez aux illustrations le procédé de formage et dessinez pour chacun le fibrage.**

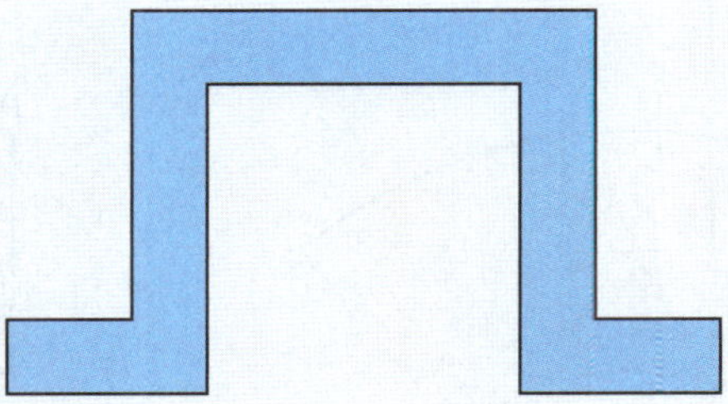

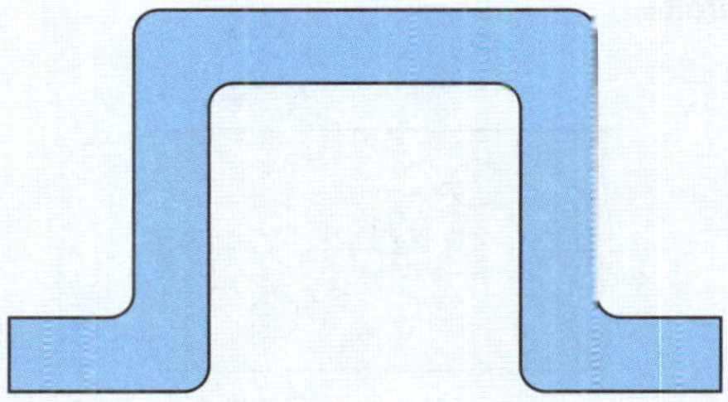

2. **Quels avantages ont les pièces formées ?**

3. **Complétez le tableau.**

	Procédé de formage	Exemples	Application dans l'automobile
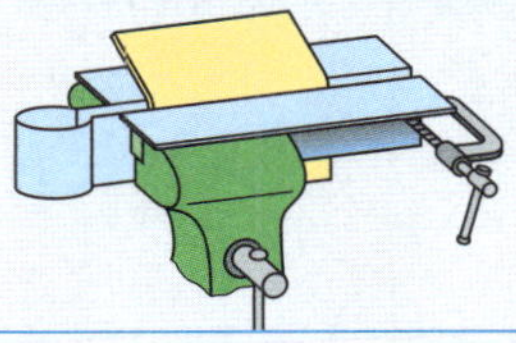			
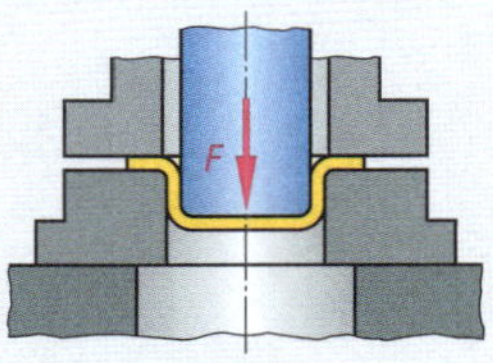			
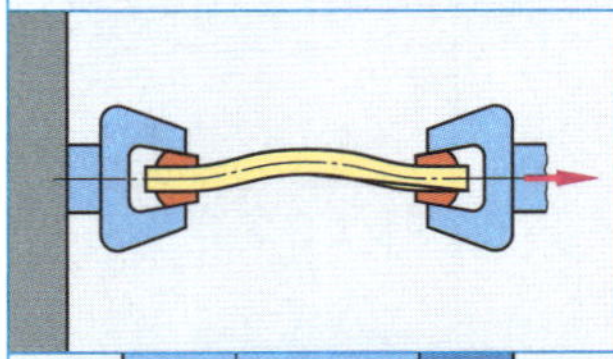			
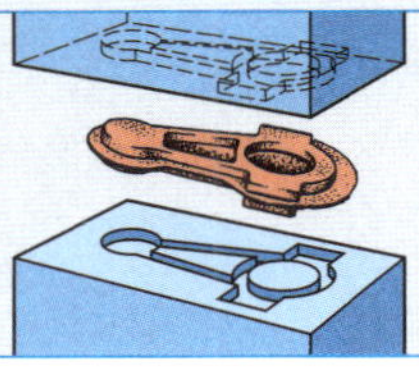			

4. **Expliquez quelles propriétés du matériau sont modifiées par le forgeage ?**

5. **Quels matriaux peuvent être forgés ?**

6. **Pourquoi ne peut-on pas forger de la fonte ?**

EUROPA LEHRMITTEL	**Technique de fabrication** **Usinage de la tôle** **Cintrage, formage**	Nom :		
		Classe :	Date :	Feuille N° :

1. **Un acier plat avec trois trous est cintré. Dans l'image du centre, dessinez en couleur le fibrage des fibres neutres. Complétez la forme des trous et nommez la modification de la forme. Dessinez la modification de la section de l'acier plat dans l'image de droite.**

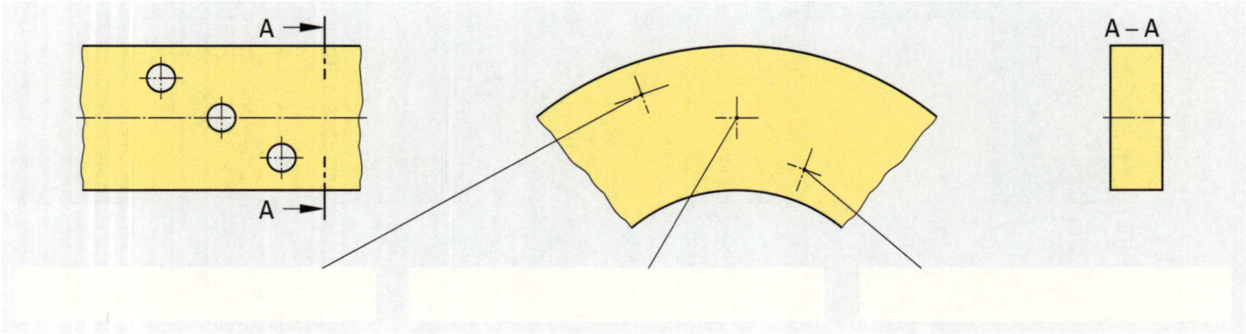

2. **Pourquoi perce-t-on les pièces cintrées seulement après le cintrage ?**

3. **Quelles règles de travail doivent être respectées pour les travaux de cintrage représentés ?**

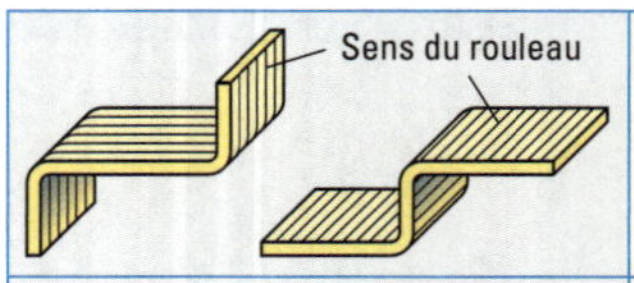	
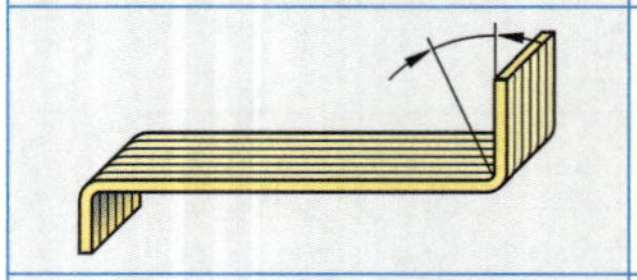	

4. **Calculez la longueur étirée du collier représenté en acier plat de 5 mm d'épaisseur.**

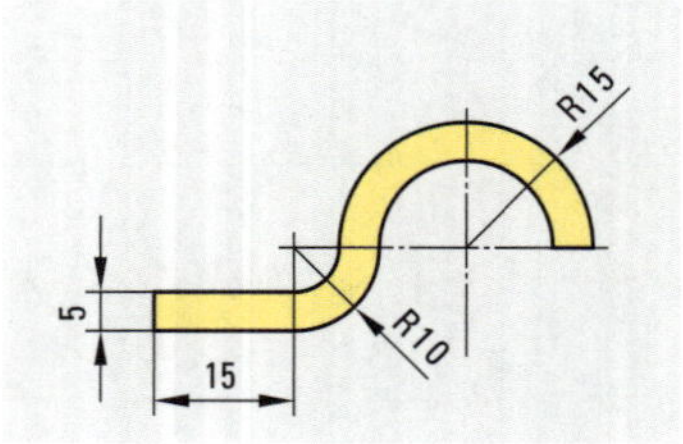

5. **Complétez le tableau.**

	Procédé	Application dans l'automobile
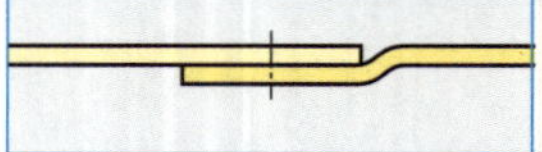		
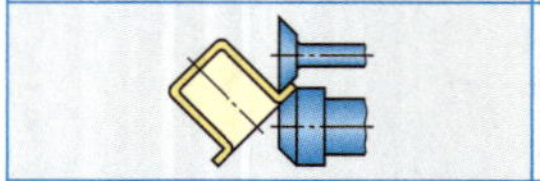		
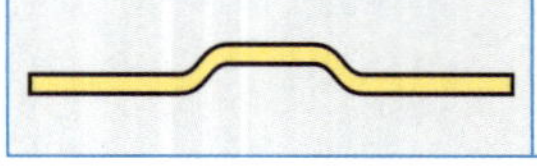		

EUROPA LEHRMITTEL	**Technique de fabrication** **Procédé par enlèvement de copeaux** **Angle du taillant** **Feuille 1**	Nom :		
		Classe :	Date :	Feuille N° :

1. **Nommez chaque procédé de coupage par enlèvement de copeaux au moyen des outils.**

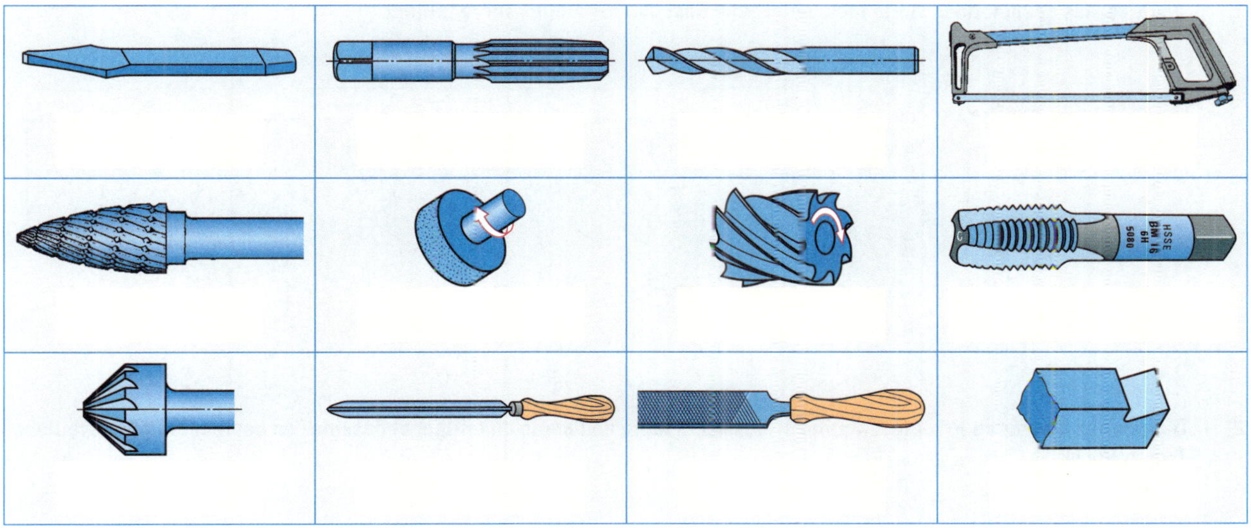

2. **Quel point commun ont les tranchants de tous les procédés de coupage par enlèvement de copeaux ?**

3. **Indiquez l'angle et les surfaces sur le taillant.**

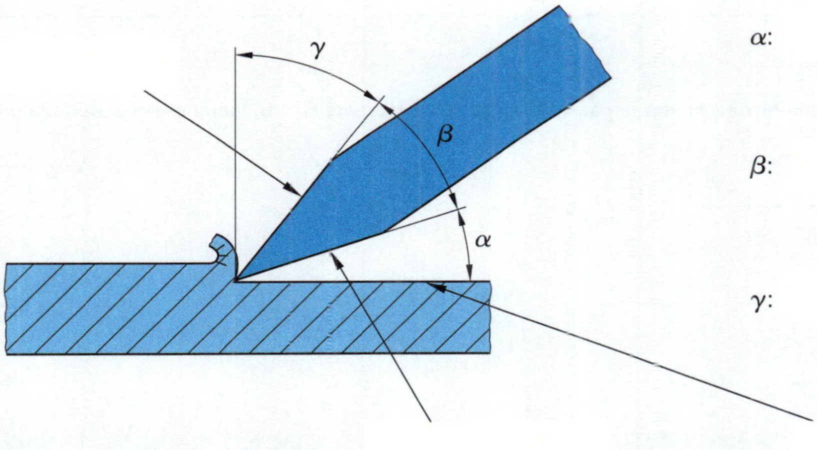

α:

β:

γ:

La somme des angles du taillant est de : $\alpha + \beta + \gamma =$ ______ °

4. **Quelles exigences de base doivent remplir les procédés de coupage par enlèvement de copeaux ?**

5. **Quelle influence a la dureté du matériau sur la taille de l'angle du taillant ?**

6. **Dans l'exercice 1, marquez de différentes couleurs le procédé de coupage mécanique [bleu] et manuel [orange].**

EUROPA LEHRMITTEL

Technique de fabrication
Procédé par enlèvement de copeaux
Sciage, limage, grattage — **Feuille 2**

Nom:		
Classe:	Date:	Feuille N°.:

Sciage

1. **Inscrivez les désignations sur la lame de la scie ainsi que les angles sur le taillant.**

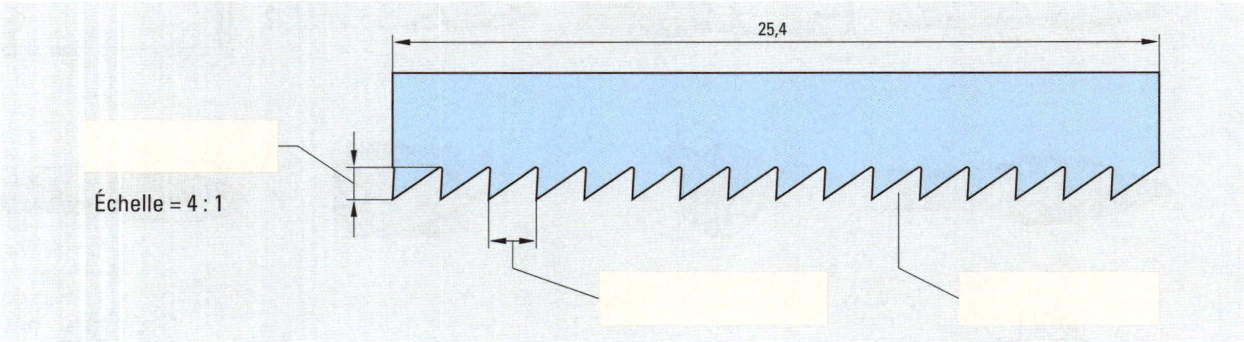

2. **Déterminez à partir de la représentation ci-dessus la taille de l'angle du taillant et dessinez en couleur l'angle du taillant dans l'exercice N° 1.**

α = ______ ° β = ______ ° γ = ______ °

3. **Quel rapport existe-t-il entre la dureté du matériau à usiner et le pas des dents ?**

Plus dure est ____________ plus ____________ le pas des dents.

4. **Définissez le pas des dents.**

Pas des dents = ____________ = ____________ = ____________

5. **En tenant compte de l'échelle, déterminez le pas des dents dans l'exercice N° 1 et indiquez les matériaux pouvant être traités avec ce pas de dents.**

Pas des dents : ____________

Matériaux: ____________

Limage

6. **Complétez le tableau**

	Forme de la section	Forme des dents	Type de taille
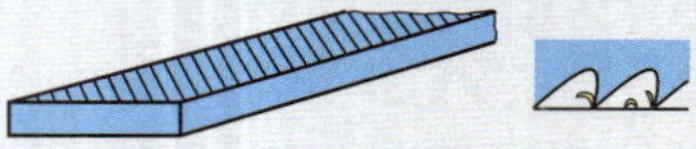			
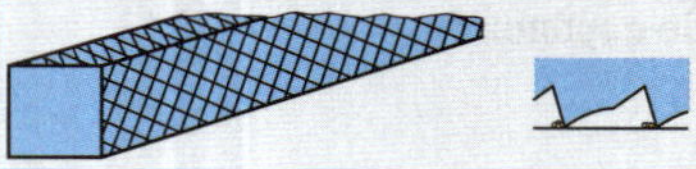			

7. **Quel rapport existe-t-il entre la qualité de la surface du matériau et les coups de lime ?**

____

Grattage

8. **Quelle particularité présente le taillant pour le grattage ? Indiquez une application dans le domaine automobile.**

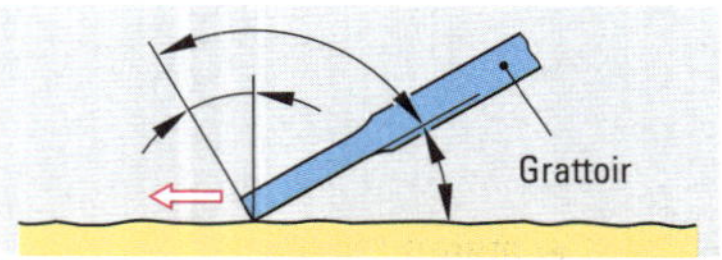

____

____

EUROPA LEHRMITTEL	**Technique de fabrication** **Procédé par enlèvement de copeaux** **Perçage** **Feuille 3**	Nom:		
		Classe:	Date:	Feuille N°.:

1. **Indiquez la structure d'un foret.**

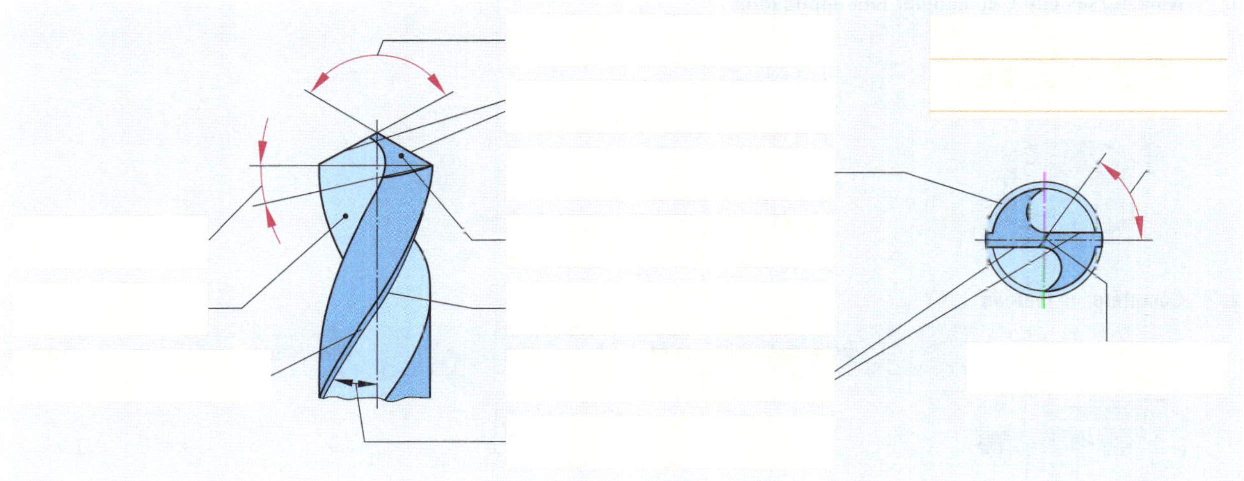

2. **Quelles fonctions ont le tranchant principal, l'arête de coupe secondaire, la dépouille et la goujure du foret ?**

Tranchant principal	
Arête de coupe secondaire	
Dépouille	
Goujure	

3. **Quel angle du sommet ont les forets pour l'acier ?**

4. **Indiquez trois consignes de prévention des accidents pour le perçage.**

5. **Quelle est la vitesse de rotation maximum d'un foret ayant un diamètre de 12 mm lorsqu'une vitesse circonférentielle maximum de 25 m/min ne doit pas être dépassée ?**

6. **À vitesse circonférentielle constante, quel rapport existe-t-il entre le diamètre du foret et la vitesse de rotation de la broche ?**

7. **Affectez les erreurs de meulage aux illustrations et indiquez quelles sont les conséquences pour la pièce et l'outil.**

	Erreur de meulage	Conséquences
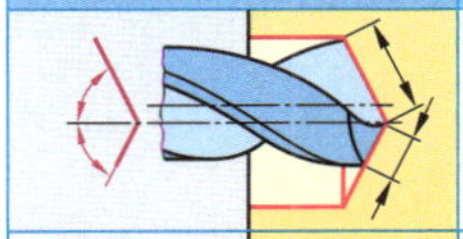		
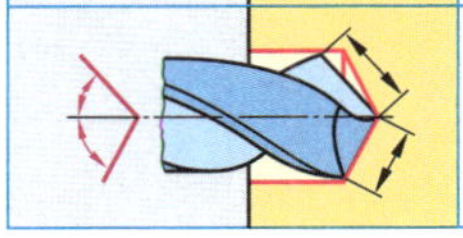		

EUROPA LEHRMITTEL

Technique de fabrication
Procédé par enlèvement de copeaux
Taraudage, alésage avec alésoir — Feuille 4

Nom:		
Classe:	Date:	Feuille N°:

Taraudage

1. **Nommez les outils et indiquez leur application.**

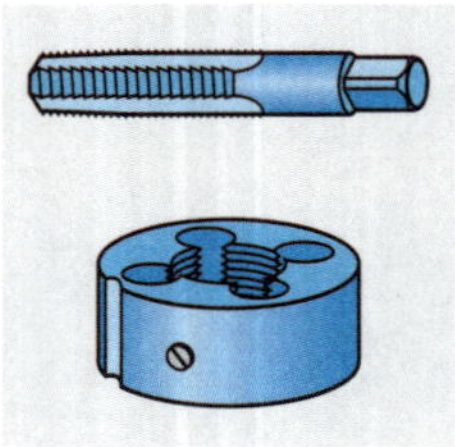

2. **Complétez le tableau**

	Désignation de l'outil	Marquage	Taillage
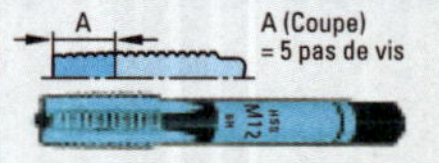			
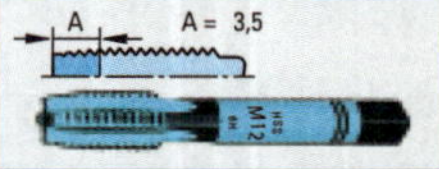			
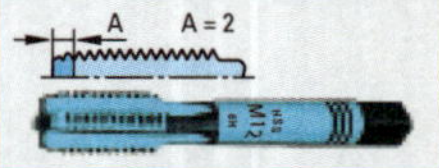			

3. **Pourquoi, pour le taraudage manuel, on utilise souvent des lubrifiants ?**

4. **Indiquez deux règles de travail pour le taraudage manuel.**

Alésage avec alésoir

5. **Définissez la structure d'un alésoir à main.**

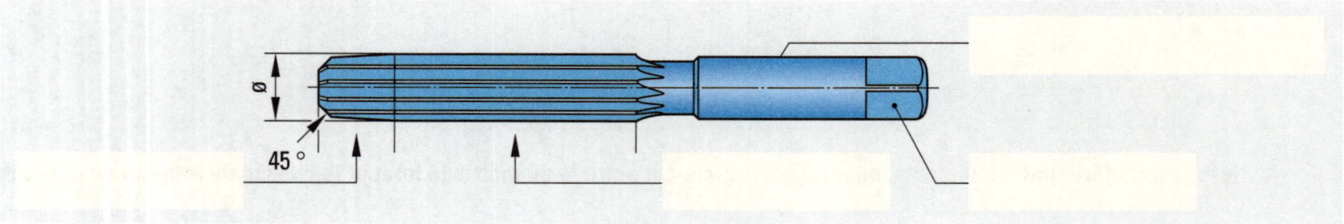

6. **Pourquoi les alésoirs à main ne doivent pas être tournés à l'envers ?**

7. **Comment différencie-t-on les alésoirs manuels et mécaniques ?**

8. **Indiquez les applications automobiles de l'alésage.**

Technique de fabrication **Procédé par enlèvement de copeaux** **Feuille 5** **Procédés mécaniques, disques de ponçage**	Nom:	
	Classe:	Date: Feuille N°:

1. Nommez les procédés de fabrication et indiquez les caractéristiques essentielles de l'outil et du tranchant ainsi que les applications dans le domaine automobile.

Désignation	Caractéristiques essentielles	Application dans le domaine automobile
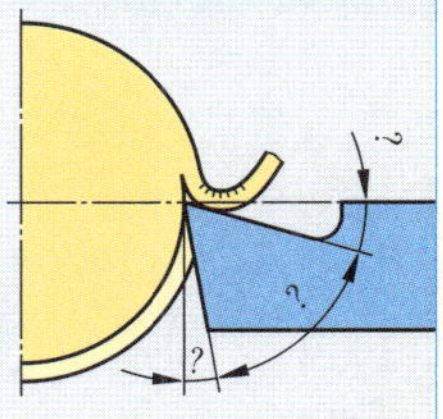		
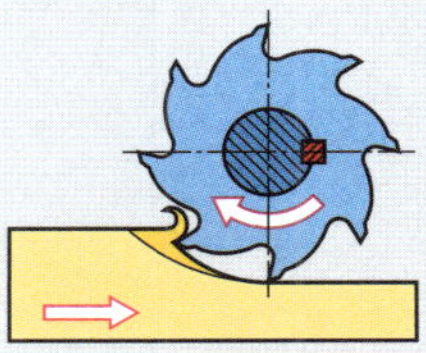		
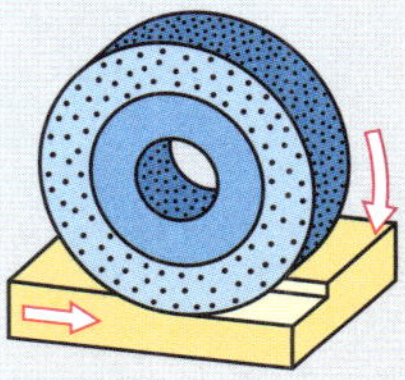		
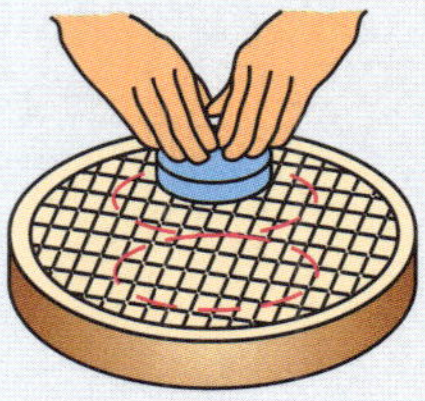		

Disques de ponçage

2. Expliquez l'importance d'une bande de couleur jaune diagonale sur un disque de ponçage. Quelles conséquences aurait l'utilisation d'un tel disque de ponçage dans une ponceuse si on atteignait une vitesse circonférentielle maximum de 80 m/s ?

EUROPA LEHRMITTEL	**Technique de fabrication** **Assemblage** **Répartition des procédés d'assemblage, filetages**	Nom:		
		Classe:	Date:	Feuille N°:

1. **Expliquez le terme d'assemblage.**

2. **Nommez les procédés d'assemblage représentés. Indiquez le type de cohésion au point de liaison et différenciez liaisons détachables et liaison fixes.**

	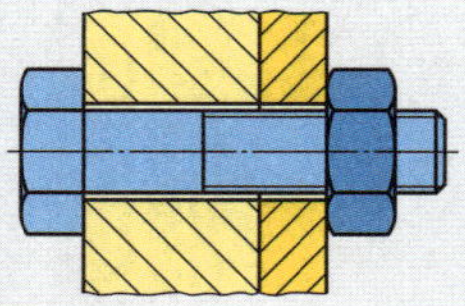	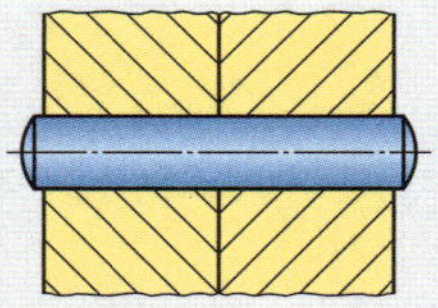	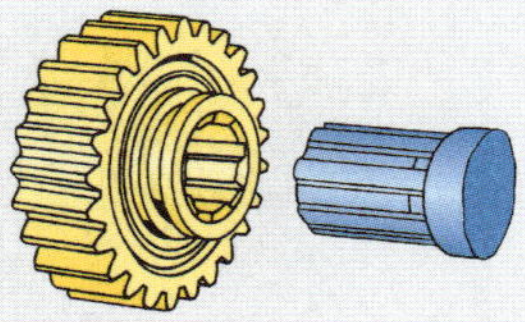
Désignation			
Cohésion par			
		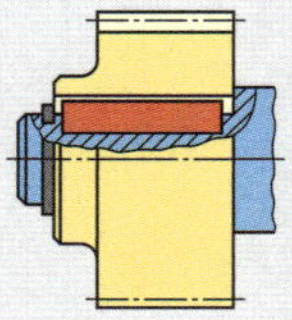	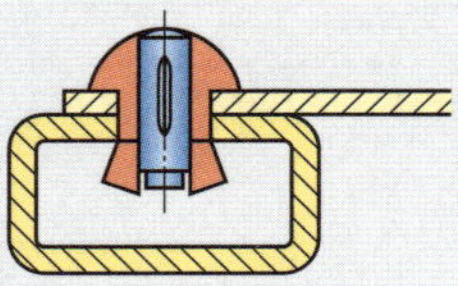
Désignation			
Cohésion par			
	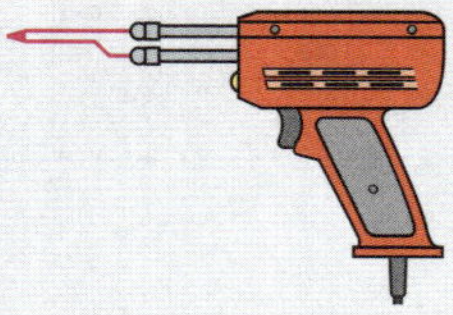	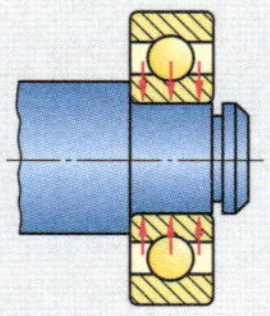	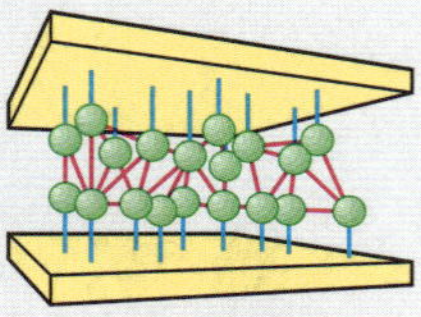
Désignation			
Cohésion par			

3. **Marquez toutes les liaisons détachables en [bleu] et toutes les liaisons fixes en [rouge].**

4. **Désignez le filetage.**

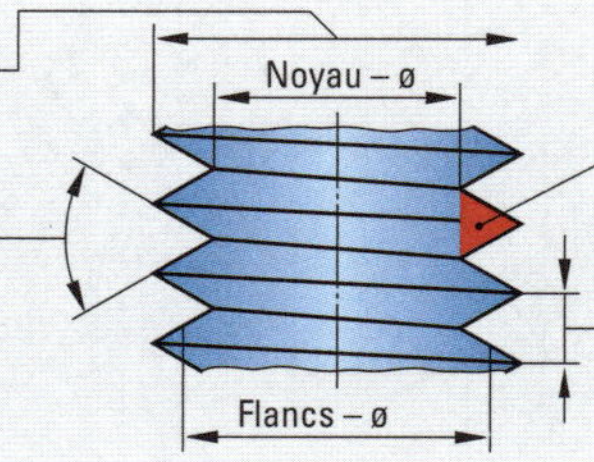

5. **Complétez le tableau.**

Désignation du filetage	Explication	Pente
DIN 13 - M12		
DIN 13 M 8 x 0,75		

EUROPA LEHRMITTEL	**Technique de fabrication** Liaisons vissées	Nom:		
		Classe:	Date:	Feuille N°:

1. **Inscrivez les désignations de chaque vis.**

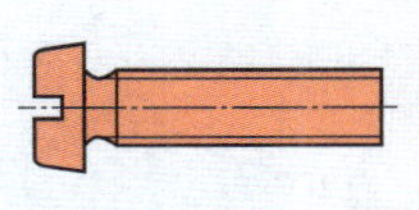		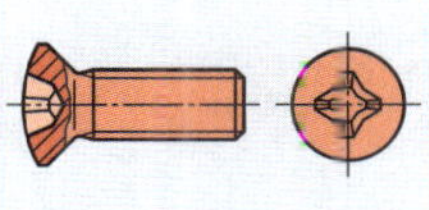	
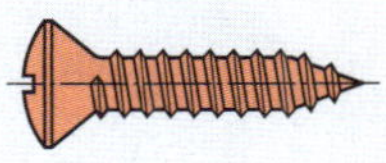		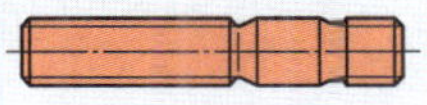	
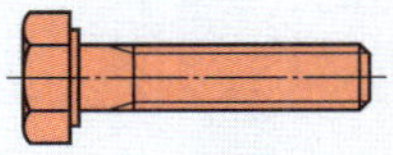		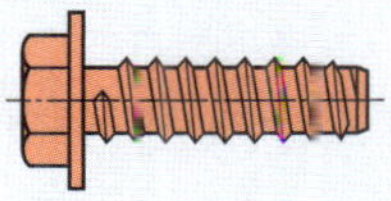	
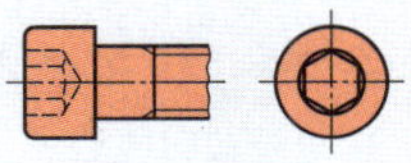		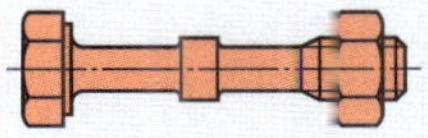	
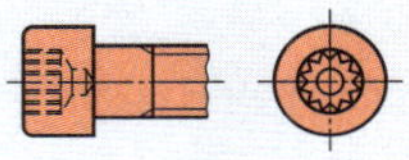		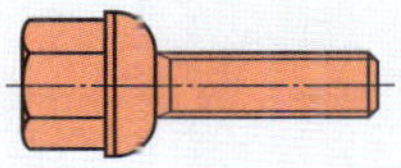	

2. **Nommez les écrous représentés et indiquez pour chacun l'utilisation.**

	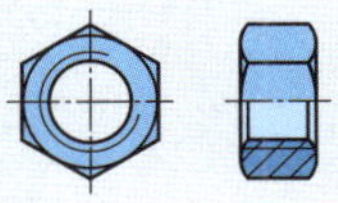	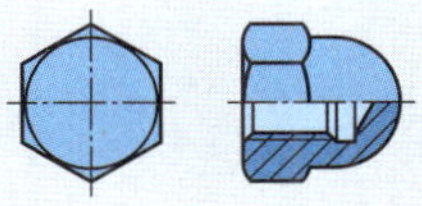	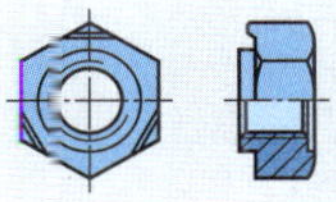	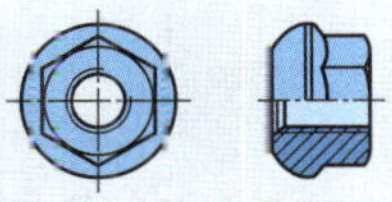
Désignation				
Utilisation				

3. **Indiquez les cotes de vis et écrous représentés selon la norme.**

Vis à six pans DIN 931, M 8 x 50	Vis à tête conique DIN 963, M 4 x 40	Écrou à six pans DIN 934, M 8
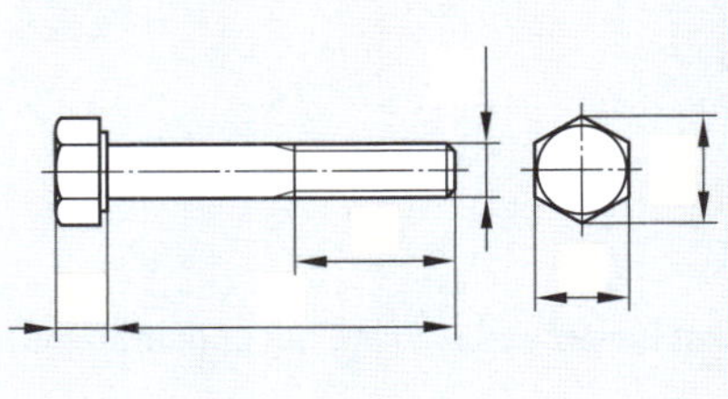	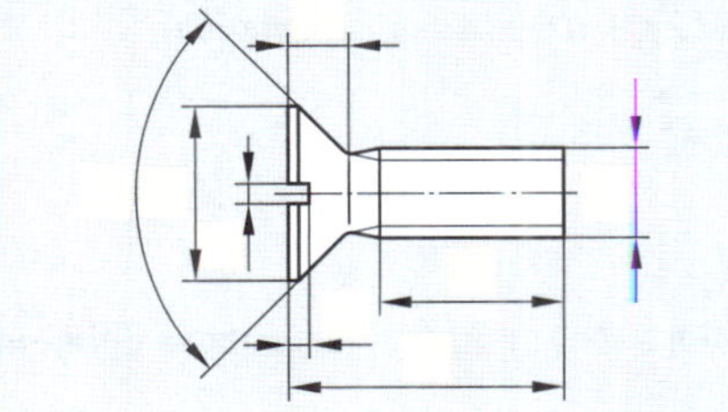	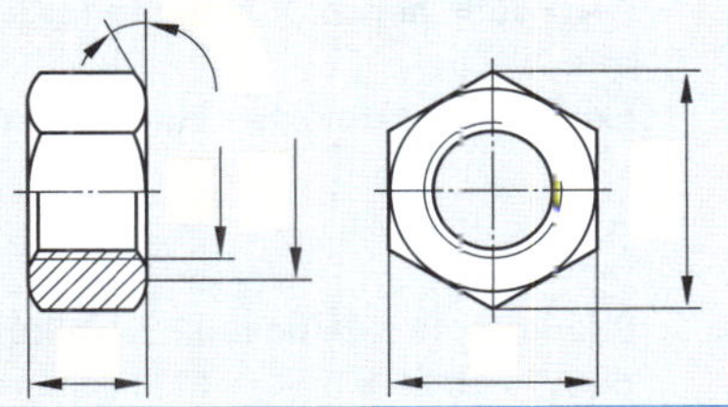

4. **Nommez les dispositifs d'arrêt représentés et coloriez les champs.**

Arrêt par friction	Arrêt mécanique	Arrêt par adhérence

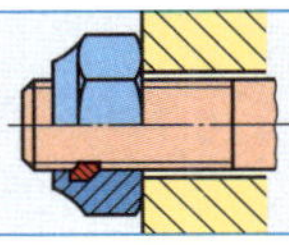	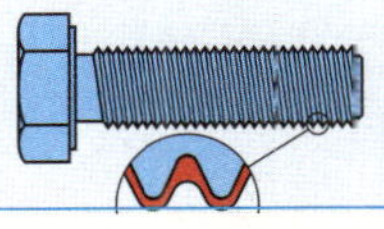	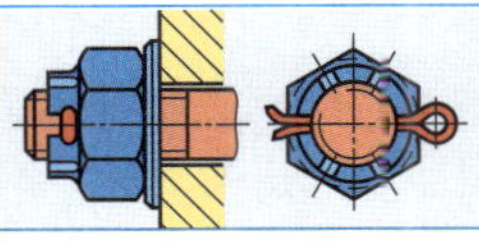	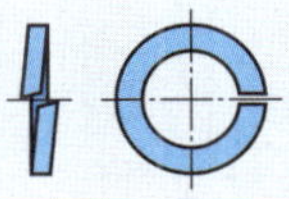	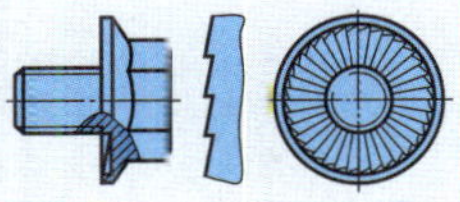

EUROPA LEHRMITTEL	**Technique de fabrication** **Soudure**	Nom:		
		Classe:	Date:	Feuille N°:

1. Indiquez de quel procédé de soudure il s'agit dans les illustrations.

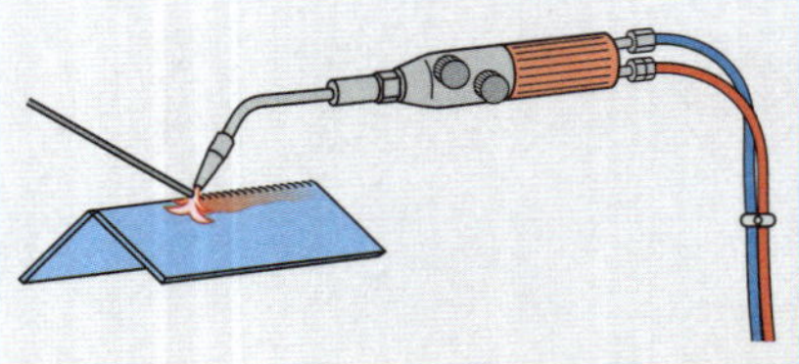	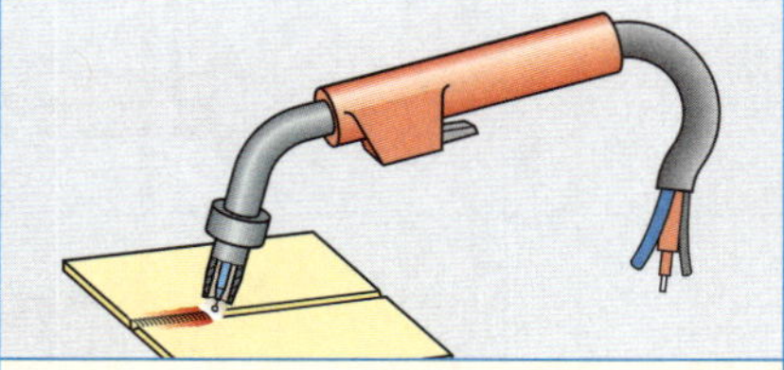	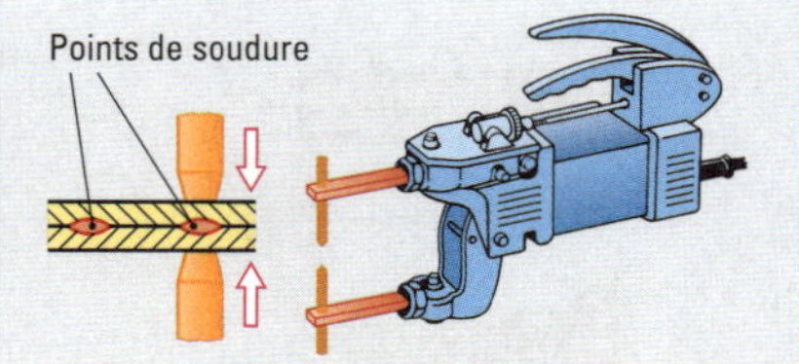

2. Quels sont les deux gaz utilisés dans la soudure au gaz ? Complétez le tableau.

Type de gaz*		
Abréviation chimique		
Couleur de la bouteille		
Raccordement de la bouteille		
Pression de la bouteille en bar		
Pression de travail en bar		
Couleur du tuyau		
Consignes de sécurité		

*** Nouvelle norme. À partir du 1er juillet 2006, c'est la seule en vigueur.**

3. Expliquez le terme de « Flamme neutre »

4. Quelle est la signification des abréviations MIG et MAG ? Comment se différencient les procédés en ce qui concerne les réactions dans la matière fondue et le gaz inerte utilisé ?

MIG :

MAG :

5. Pourquoi dans les ateliers automobiles utilise-t-on principalement le procédé de soudure au gaz inerte ?

EUROPA LEHRMITTEL	**Technique de fabrication** **Brasage, collage**	Nom:		
		Classe:	Date:	Feuille N° :

Brasage

1. **Différenciez les procédures de brasage.**

	Brasure tendre	Brasure forte
Température de brasage		
Propriétés du procédé de brasage		
Fondant, p. ex.		
Brasure, p. ex.		
Application dans le domaine automobile		

2. **Quelle grosseur doit avoir la fente pour la brasure tendre ? Justifiez votre réponse.**

3. **Nommez quatre règles de travail importantes pour le brasage.**

Collage

4. **Quelles sont les deux forces qui agissent dans une liaison collée ?**

5. **Pour les types de contraintes des liaisons collées représentées, complétez le sens d'action des forces et marquez en couleur les types de charge favorables.**

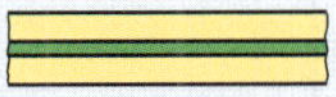		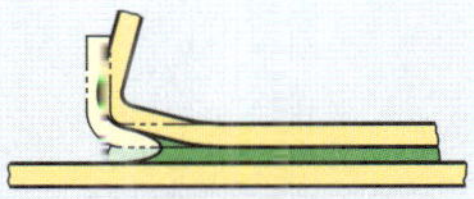	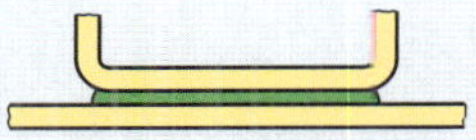
Contrainte par cisaillement	Contrainte par pression	Contrainte par pelage	Contrainte par traction

6. **Indiquez les applications des liaisons collées dans les voitures.**

Nom:	
Classe:	Date:	Feuille N° :

Technique de fabrication

Travail de projet

Une tôle de réparation pour un seuil extérieur doit être fabriquée selon le plan présenté.

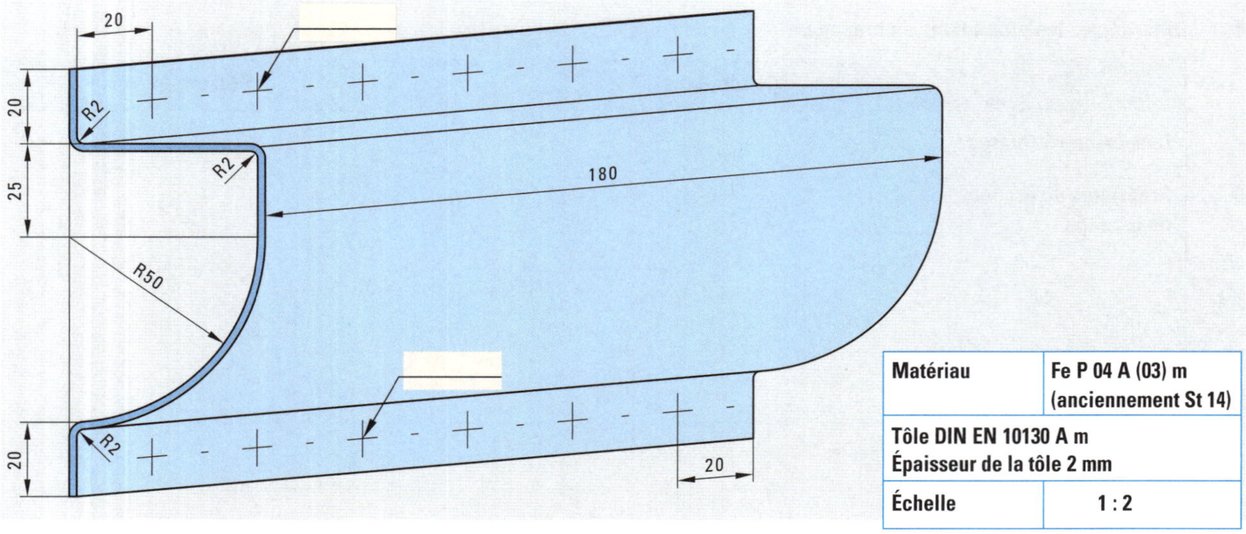

Matériau	Fe P 04 A (03) m (anciennement St 14)
Tôle DIN EN 10130 A m Épaisseur de la tôle 2 mm	
Échelle	1 : 2

1. **Nommez les opérations les plus importantes nécessaires à la fabrication de la tôle de réparation. Indiquez les outils et accessoires nécessaires.**

N°	Opérations	Outils et accessoires

2. **Calculez la longueur étirée de la partie cintrée en ne tenant pas compte des rayons de cintrage R2.**

3. **Quel entraxe ont les 6 trous s'ils sont percés à égale distance ?**

4. **Inscrivez les symboles de soudure selon la norme dans le dessin. Rangée supérieure soudure à trou, rangée inférieure soudure par points. Taille des points de soudure de chacun 5 mm.**

EUROPA LEHRMITTEL

Matériaux
Présentation générale des matériaux

Nom:		
Classe:	Date:	Feuille N° :

1. Comment distingue-t-on les métaux non ferreux ? Complétez le tableau.
2. Complétez le tableau en ce qui concerne le type de matériau et l'utilisation dans le véhicule. Pour ce faire, utilisez entre autres les types de matériaux de l'illustration
3. Marquez les termes de l'illustration de différentes couleurs, par exemple, les métaux ▬, les non-métaux ▬, les matières composites ▬.

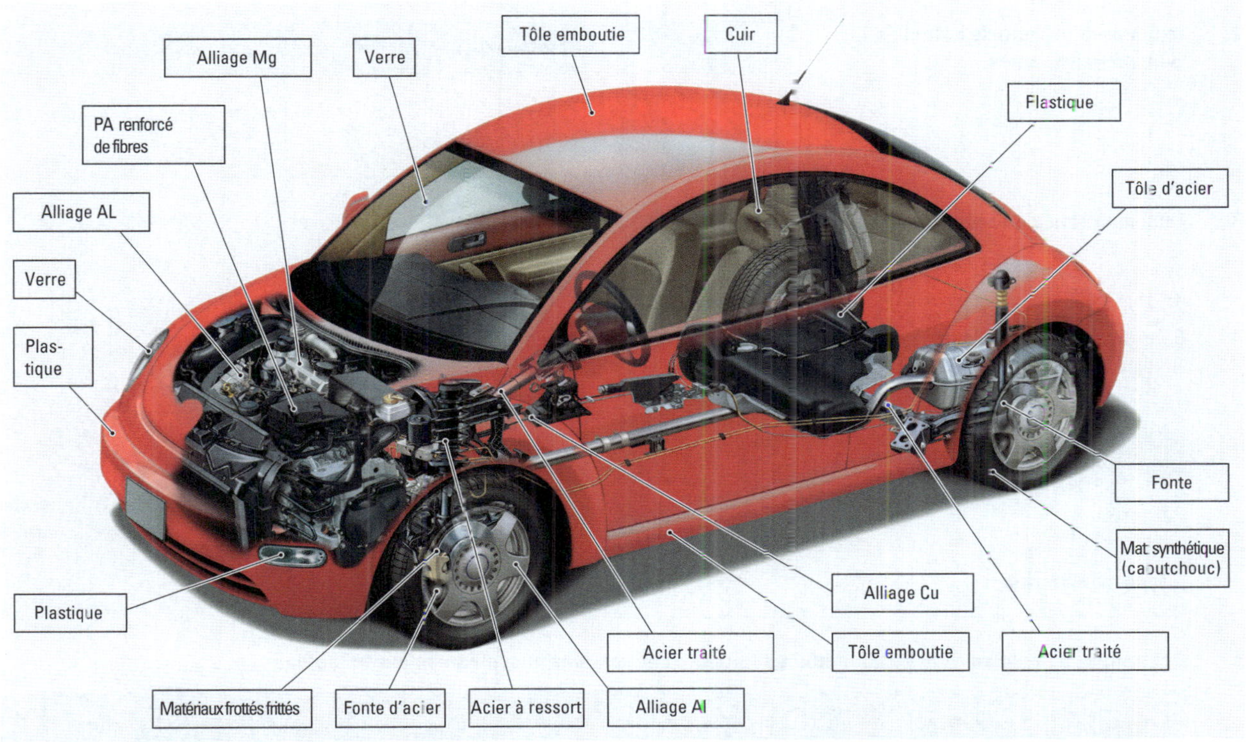

Présentation des matériaux			
Métaux	**Différenciation**	**Type de matériau**	**Utilisation dans la voiture**
Métaux ferreux	**Matériaux en fonte**		
	Acier		
Métaux non ferreux	**Densité < 5 kg/dm³**		
	Densité > 5 kg/dm³		
Non métallique		**Type de matériau**	**Utilisation dans la voiture**
Matériaux naturels			
Matériaux synthétiques			
Matériaux composites		**Type de matériau**	**Utilisation dans la voiture**
Matériaux synthétiques renforcés de fibres			
Matériaux frittés			

EUROPA LEHRMITTEL	**Matériaux** **Propriétés des matériaux** **Feuille 1**	Nom:		
		Classe:	Date:	Feuille N°:

Densité

1. **Qu'entend-on par densité ?**

2. **Indiquez la formule de calcul de la densité et les unités.**

Formule		Unités

3. **Quel matériau a une plus faible densité sur la balance ?**

4. **Calculez la densité des deux matériaux lorsque la balance est en équilibre et inscrivez les valeurs dans le tableau. De quels matériaux s'agit-il ?**

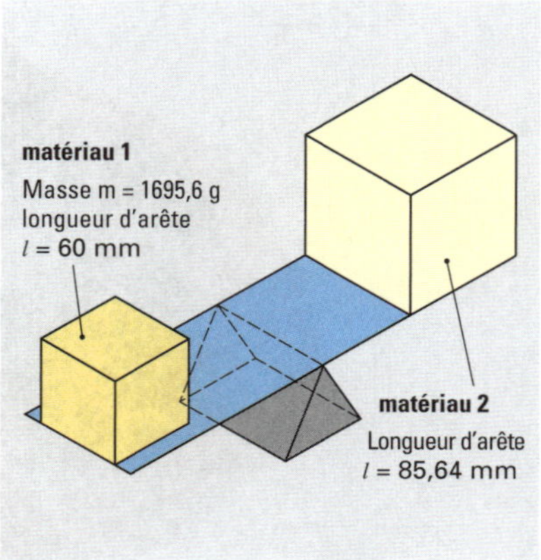

	Matériau 1	Matériau 2
Densité		
Type de matériau		

5. **Déterminez à l'aide du livre de tableaux les valeurs et indications manquantes dans le tableau.**

Types de matériau	Densité ρ	Unité de la densité	Types de matériau	Densité ρ	Unité de la densité	Types de matériau	Densité ρ	Unité de la densité
Magnésium			Essence			Air		
Cuivre			Diesel			Monoxyde de carbone		
Résine de phénol			Eau			Dioxyde de carbone		
Titane			Acide sulfurique			Hydrogène		
Or			Méthanol			Oxygène		

6. **Pourquoi le travail dans une fosse avec un moteur en marche peut-il être dangereux ?**

7. **Comment se comporte le CO hautement toxique dans l'air d'une pièce fermée ?**

8. **Pourquoi l'essence ne peut pas être éteinte avec de l'eau ?**

Nom:		
Classe:	Date:	Feuille N°:

Résistance mécanique

9. **Qu'entend-on par résistance mécanique ?**

10. **Attribuez les termes traction, cisaillement, cintrage, pression, torsion, flambage aux illustrations du tableau.**

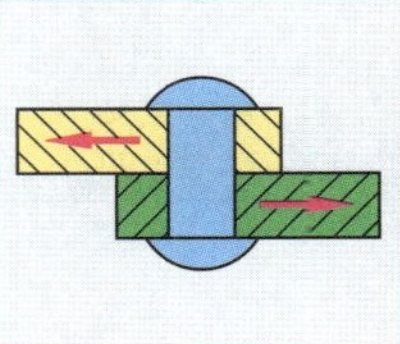	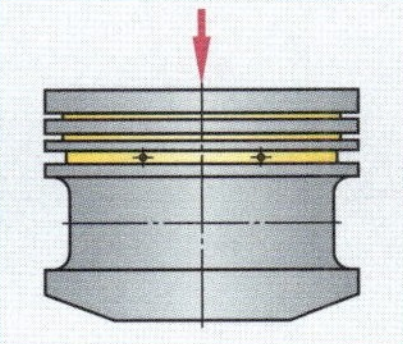	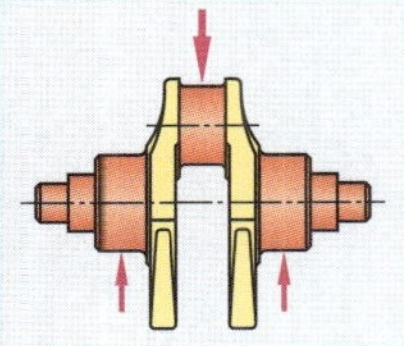	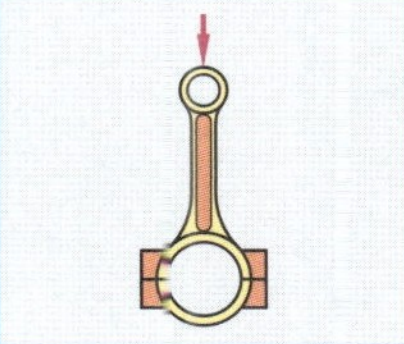	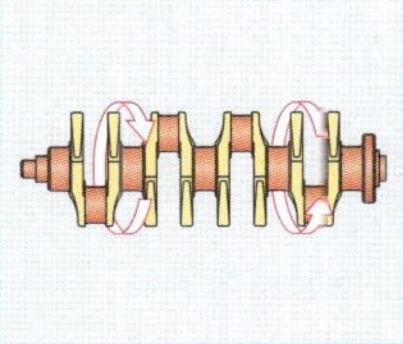	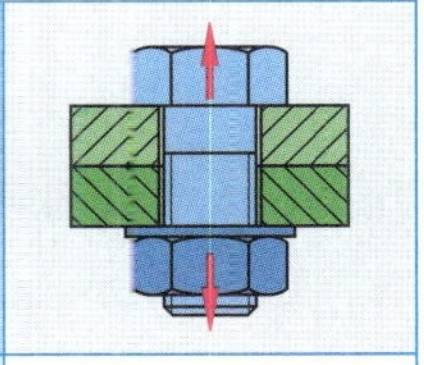

Élasticité

11. **Qu'entend-on par élasticité ?**

12. **Attribuez correctement dans le diagramme les symboles.**

13. **Complétez le tableau pour les deux matériaux présentés dans le diagramme.**

14. **Marquez de différentes couleurs dans le diagramme le secteur élastique et plastique des deux matériaux.**

	Formule	Matériau 1	Matériau 2
Plus grande résistance mécanique en N/mm²	R_m		
Dilatation jusqu'à la rupture en %	ε		
Limite d'étirement en N/mm²	R_e		
Résistance mécanique à la rupture en N/mm²	R_r		

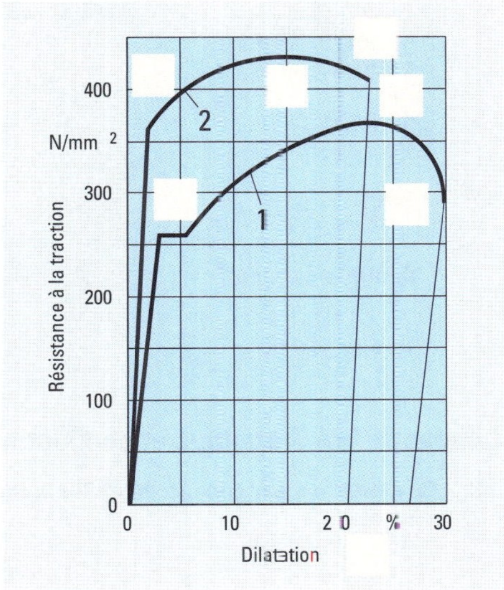

15. **Que disent les indications sur la tête de vis et de l'écrou ? Complétez le tableau.**

	Indications	Explication
Vis		
Écrou		

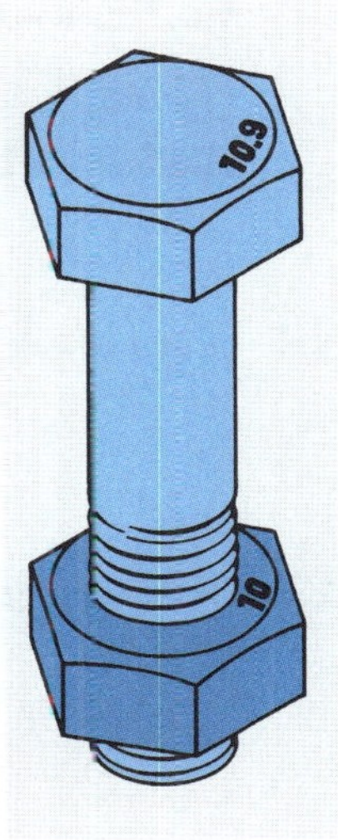

16. **Déterminez les valeurs de résistance pour la vis et l'écrou.**

	Valeur de résistance
Vis	
Écrou	

Dureté

17. Qu'entend-on par dureté ?

18. Lequel des deux matériaux est le plus dur ?

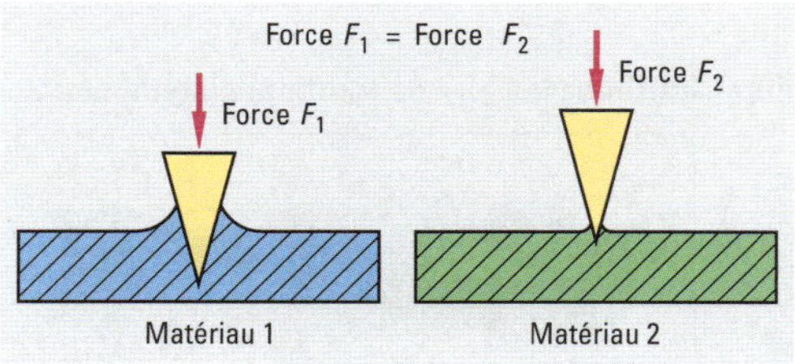

Ténacité, fragilité

19. Qu'entend-on par ténacité ?

20. Qu'entend-on par fragilité?

21. Cochez quelles propriétés sont typiques pour les composants et outils suivants.

Composants/outils	Mou	Dur	Tenace	Fragile	Composants/outils	Mou	Dur	Tenace	Fragile
Cames de l'arbre à cames					Pneus				
Pare-brise					Barre d'accouplement				
Foret					Tournevis				
Courroie crantée					Couvercle de distributeur d'allumage				
Tige de piston					Soufflet d'essieu				

Conductibilité thermique et conductibilité électrique

22. Qu'entend-on par conductibilité thermique ?

23. Classez les matériaux acier, fonte grise, aluminium, matériau synthétique, cuivre en fonction de leur conductibilité thermique dans le tableau

grande		Conductibilité thermique		petite

24. Qu'entend-on par conductibilité électrique ?

25. Classez dans le tableau les matériaux cuivre, or, argent, charbon, matériau synthétique en fonction de leur conductibilité électrique.

petite		Conductibilité électrique		grande

Propriétés physiques, technologiques et chimiques.

26. **Qu'entend-on par propriétés physiques ?**

27. **Qu'entend-on par propriétés technologiques ?**

28. **Qu'entend-on par propriétés chimiques ?**

29. **Rangez correctement dans le tableau les propriétés de matériaux ci-dessous.**

Dureté, résistance mécanique, résistance à la corrosion, résistance à la chaleur, résistance au calaminage, combustibilité, toxicité, élasticité, densité, coulabilité, usinabilité, forgeabilité, soudabilité, trempabilité, dilatation thermique.

Propriétés physiques	Propriétés technologiques	Propriétés chimiques

30. **Pour les matériaux des pièces automobiles, indiquez pour chacun une propriété physique, technologique et chimique.**

	Propriétés physiques	Propriétés technologiques	Propriétés chimiques
Soupape d'échappement 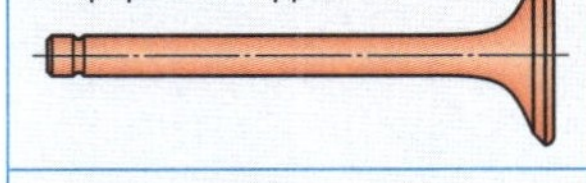			
Pot d'échappement 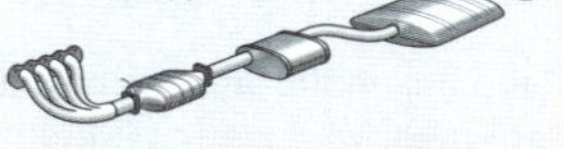			
Bloc-cylindres 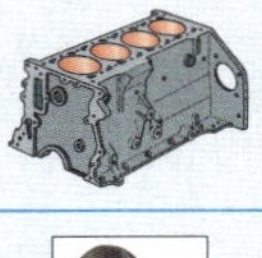			
Disque de frein 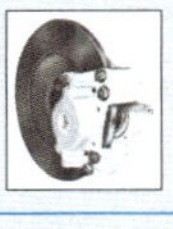			
Radiateur 			
Piston 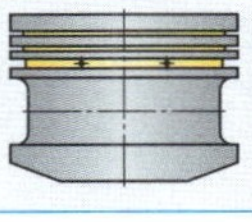			

EUROPA LEHRMITTEL

Matériaux
Matériaux synthétiques dans la voiture

Nom:		
Classe:	Date:	Feuille N° :

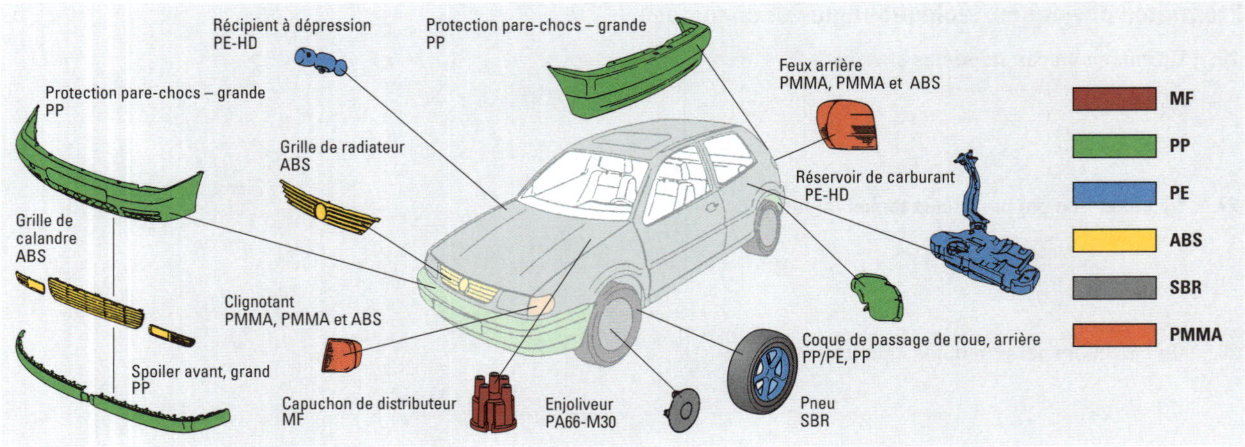

1. Dans quels trois grands groupes sont réparties les matières synthétiques ? Complétez le tableau.
2. Comment se différencient les groupes de matières synthétiques dans l'agencement des macromolécules ?
3. Comment se comporte chaque groupe de matières synthétiques à la chaleur ?
4. Donnez des exemples dans le domaine automobile.

Groupes de matériaux synthétiques			
Agencement des macro-molécules	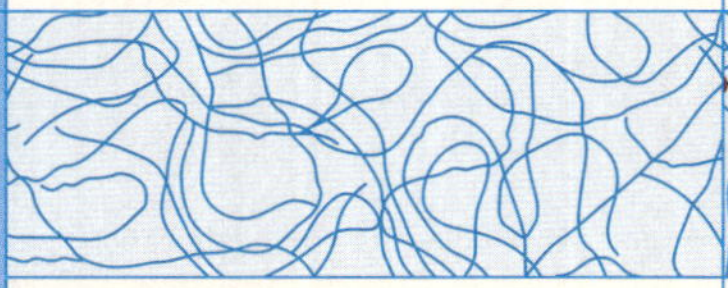	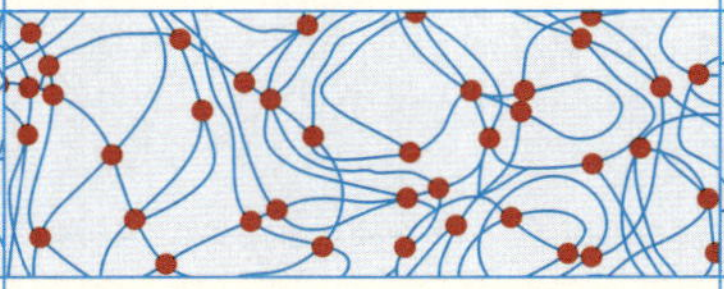	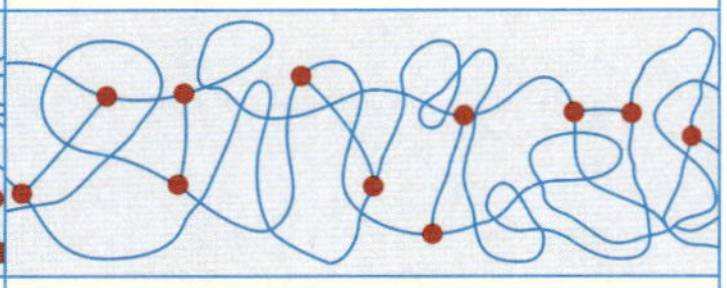
Comportement à la chaleur			
Exemples			

5. Pourquoi utilise-t-on principalement des thermoplastiques dans les voitures ?

6. Dans le diagramme circulaire, représentez graphiquement la quote-part de poids en pourcentage des matériaux utilisés dans une voiture. Remarque : convertir l'indication de pourcentage en degré d'angle (100% = 360°) et l'inscrire dans le tableau. Marquez d'une couleur les matériaux dans le diagramme et le tableau.

Matériaux dans la voiture	Pourcentage de poids	Degré d'angle
Fer et métal	70 %	
Caoutchouc	9 %	
Matériaux synthétiques	8 %	
Métaux non ferreux	6 %	
Divers	7 %	

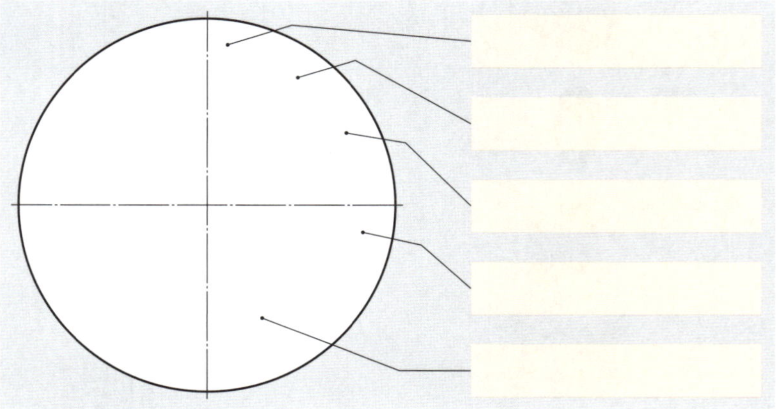

Trempe et revenu

Grâce au traitement thermique, d'importantes propriétés physiques des matériaux ferreux, comme la dureté, la résistance à la chaleur, la ténacité et la résistance à l'usure, peuvent être améliorées.

1. Quels processus de traitement thermique sont utilisés pour les matériaux ferreux ?

2. Quelle teneur en carbone doit-il y avoir dans l'acier pour qu'il puisse être durci ?

3. Affectez correctement les chiffres aux expressions dans le diagramme suivant. Marquez le secteur de trempe et le secteur de recuit de différentes couleurs.

4. La hauteur de la température de trempe est fonction de la teneur en carbone dans la texture. Inscrivez dans le diagramme la température de trempe et la température de recuit pour un acier à 0,45% de C.

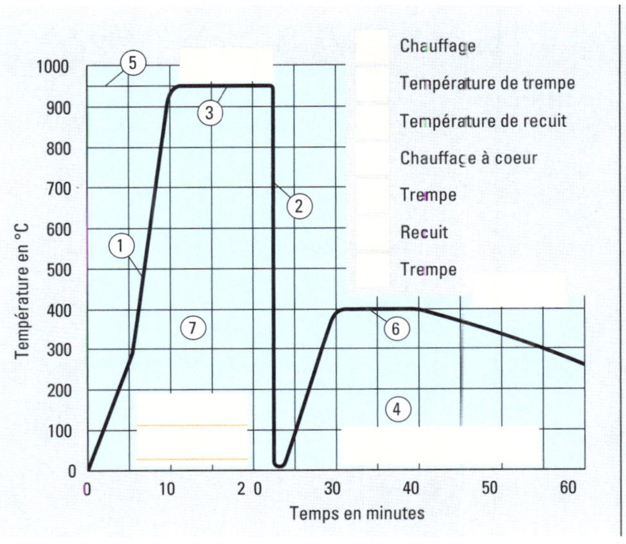

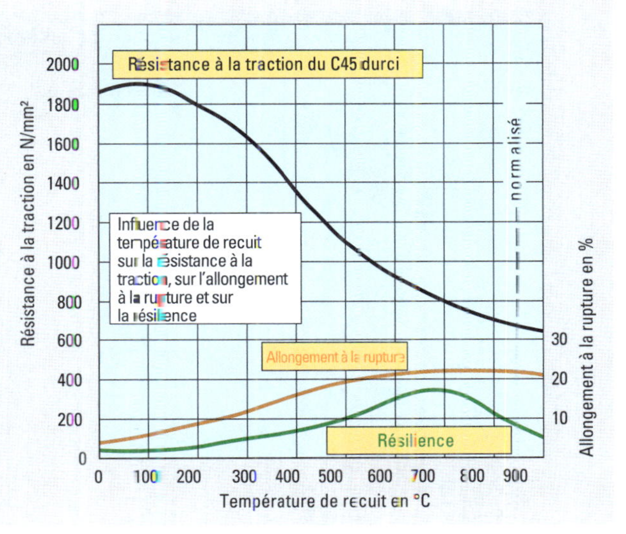

5. La hauteur de la température de recuit influence la résistance à la traction, l'allongement à la rupture et la résilience. Complétez le tableau.

Température de recuit en °C	Résistance à la traction en N/mm²	Allongement à la rupture en %	Résilience en N/mm²
200			
400			
600			

6. À température de plus en plus élevée, comment varient la résistance à la traction, l'allongement à la rupture et la résilience ?

7. Qu'entend-on par revenu ?

8. Quelles propriétés de l'acier sont améliorées par le revenu ?

9. **Quelles parties du véhicule sont soumises au revenu?**

10. **Pourquoi, par exemple, les barres d'accouplement, les corps d'essieux, les arbres de transmission ne doivent pas être redressés à chaud ou soudés ?**

Trempe de la peau de laminage

11. **Quel est le but de la trempe de la peau de laminage, par exemple, des manetons du vilebrequin ?**

12. **Quels procédés de trempe de la peau de laminage sont représentés dans le tableau ? Complétez le tableau.**

Procédé de trempe de la peau de laminage pour les aciers à forte teneur en carbone		
	Dénomination	**Caractéristiques**
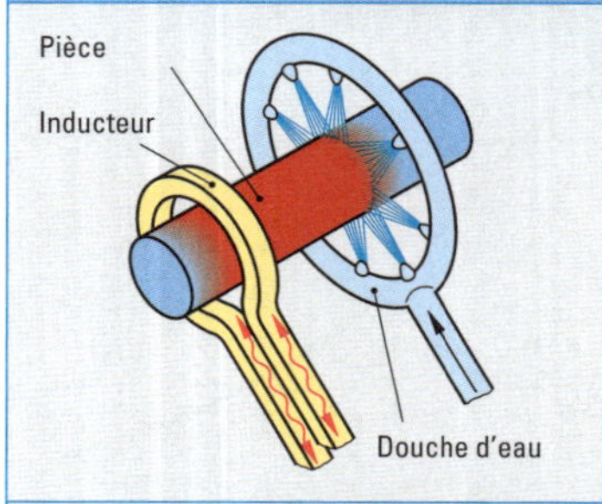 		
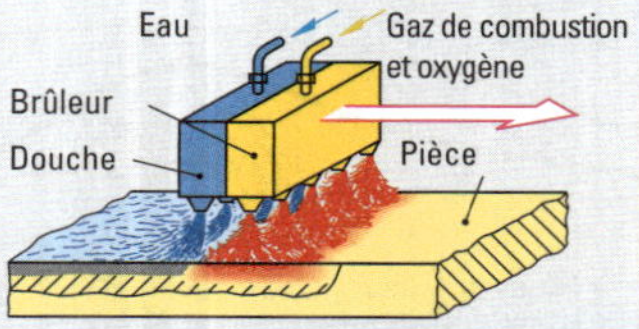 		
Procédé de trempe de la peau de laminage pour les aciers à faible teneur en carbone		
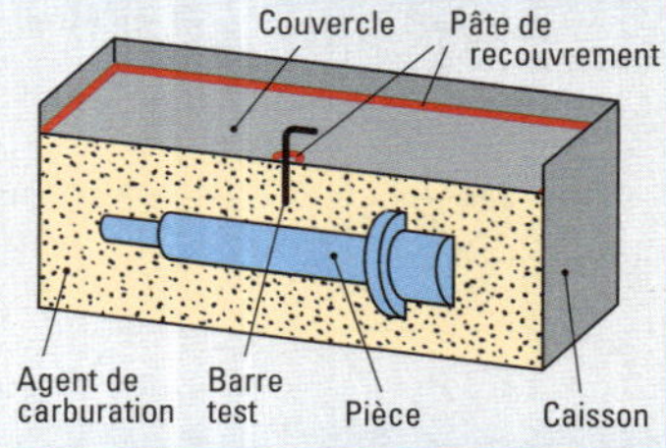 		
Procédé de trempe de la peau de laminage par apport d'azote		
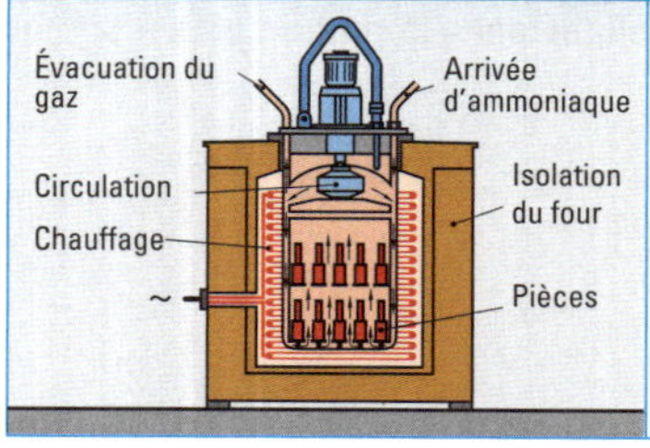 		

13. **Quels sont les avantages de la nitruration par rapport aux procédés de durcissement au carbone (trempe par induction, à la flamme, cémentation) ?**

Matériaux ferreux

1. **Comment peut-on répartir les matériaux ferreux ?**

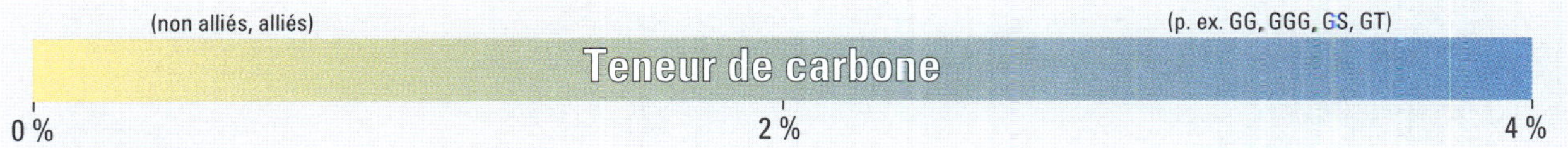

Produits en fonte de fer

2. **On différencie différents produits en fonte de fer. Complétez le tableau.**

Textures	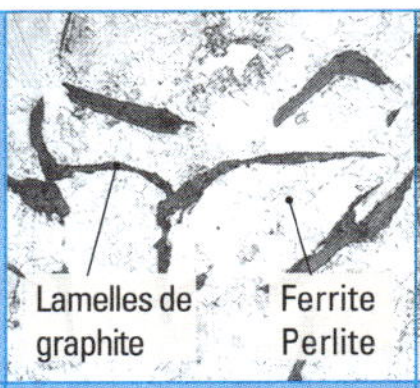	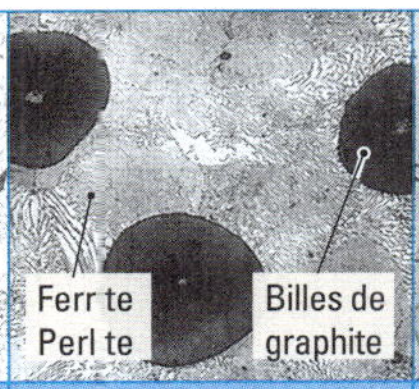	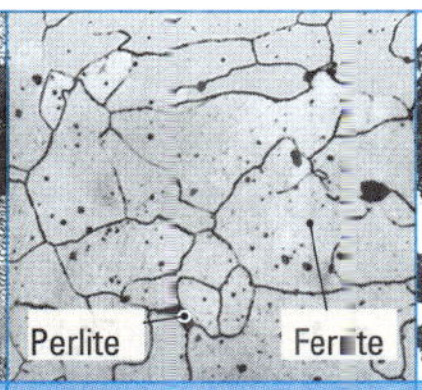	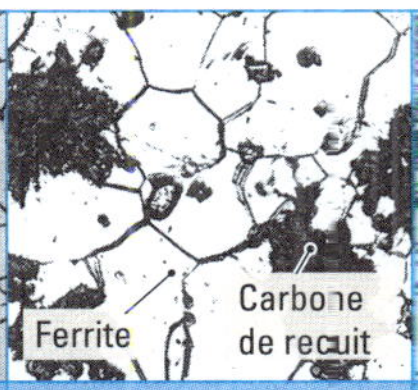	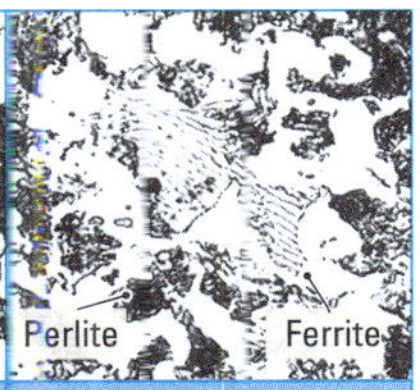
Abréviations	**GGL, GG**	**GGG**	**GTW**	**GTS**	**GS**
Désignation					
Propriétés					
Utilisation dans la voiture					

3. **Quelle signification ont les désignations de fonte suivantes ? Pour chacune, donnez un exemple d'application.**

Désignation	**Explication**	**Application**
GG-20		
GGG-70		
GS-52		
GTW-45-07		

Aciers

4. **Par quoi se caractérisent les deux groupes principaux des dénominations aciers et fonte d'acier ?**

Groupe principal 1	
Groupe principal 2	

5. **Affectez dans le tableau les éléments aux facteurs avec lesquels les teneurs en pourcentage des éléments d'alliage doivent être multipliés pour déterminer les références dans les noms abrégés de la normalisation de l'acier ?**

Facteur	Éléments	Facteur	Éléments
4		100	
10		1 000	

6. **Comment sont différenciés les aciers non alliés et alliés selon la composition chimique ?**

Répartition selon la composition chimique	
Aciers non alliés	
Aciers alliés	

7. **Comment différencie-t-on les aciers de construction et les aciers à outils selon l'application ?**

Répartition selon l'application	
Aciers de construction	
Aciers à outil	

8. **Quelle signification ont les désignations suivantes de l'acier ? Pour chacune, donnez un exemple d'application.**

Abréviation	Signification	Application
S275 JR		
E360		
C15		
36 CrNi Mo 4		
X55 CrMnNi 20 8		
60 SiCr 7		

EUROPA LEHRMITTEL	**Technique de commande et de régulation** Principes de base — Feuille 1	Nom:
		Classe: / Date: / Feuille N°:

Avec son véhicule, un conducteur souhaite rouler à une vitesse constante de 80 km/h. Ceci est possible grâce à des opérations de commande et de régulation.

1. Inscrivez dans le bon ordre dans les schémas fonctionnels les éléments de commande et de régulation permettant d'obtenir le résultat souhaité (v = 80 km/h). Pour vous aider, utilisez les illustrations de la commande de vitesse et de la régulation de vitesse.

Commande

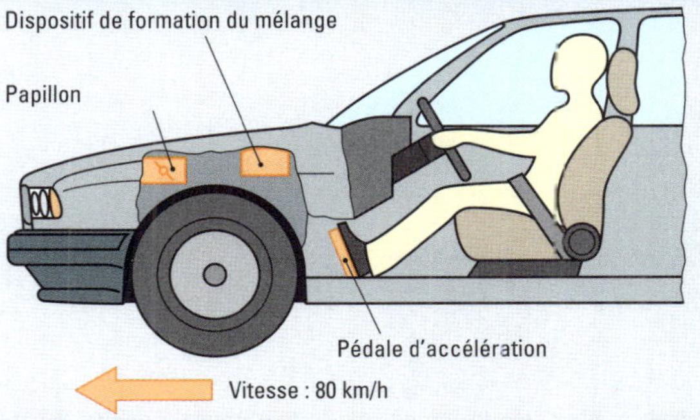

Commande de la vitesse

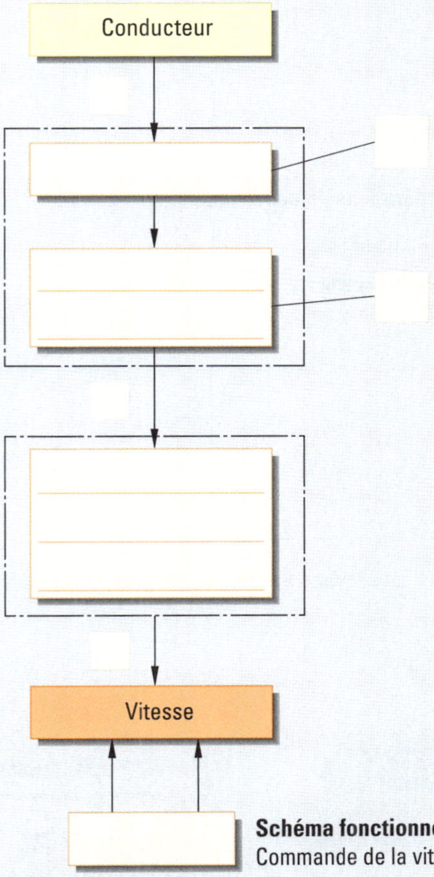

Schéma fonctionnel : Commande de la vitesse

Régulation

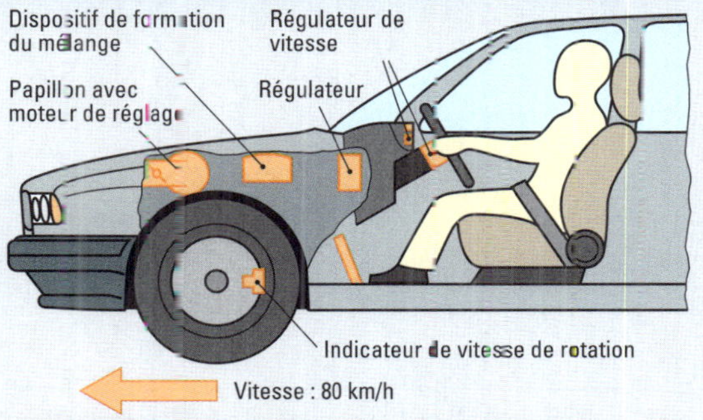

Régulation de la vitesse

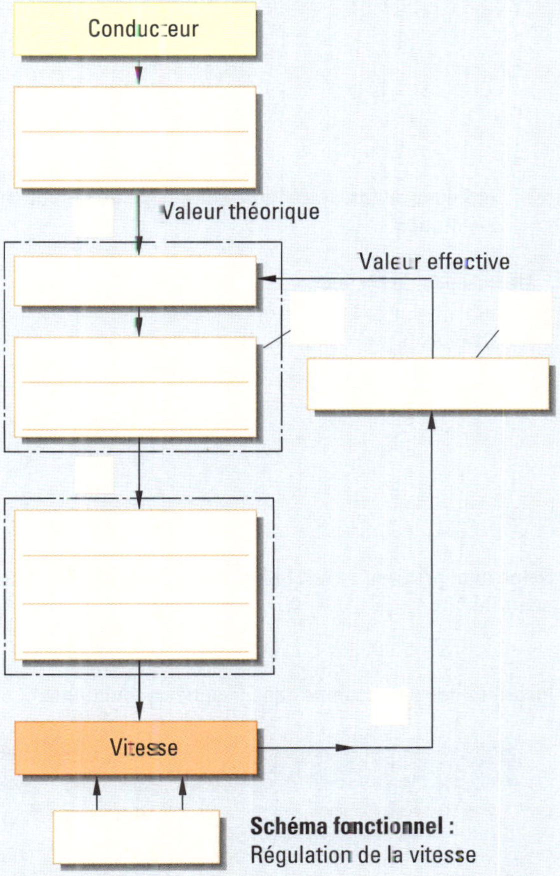

Schéma fonctionnel : Régulation de la vitesse

1.1 Dans le schéma fonctionnel, désignez par différentes couleurs le dispositif de commande et la section de commande.

Dispositif de commande: ▬ Section de commande : ▬

1.2 Dans le schéma fonctionnel, attribuez correctement les lettres des termes suivants de la technique de commande :

S : composant du signal/ de commande
A : composant de régulation
w : grandeur de commande
y : variable réglante
x : grandeur de référence
z_1, z_2 : grandeurs de perturbation

1.3 Dans le schéma fonctionnel, désignez par différentes couleurs le dispositif de régulation et la section de régulation et le circuit de régulation en rouge.

Dispositif de régulation : ▬ Section de régulation : ▬

1.4 Dans le schéma fonctionnel, attribuez correctement les lettres des termes suivants de la technique de régulation :

S : composant du signal
A : composant de régulation
w : grandeur de référence pour le circuit de régulation
x : grandeur de régulation
y : variable réglante
z_1, z_2 : grandeurs de perturbation

EUROPA LEHRMITTEL	**Technique de commande et de régulation** Principes de base — Feuille 2	Nom:		
		Classe:	Date:	Feuille N°:

Commande	Régulation
1.5 Comment, avec ce système, peut-on conserver le résultat souhaité (v = 80 km/h) lorsque surviennent des grandeurs de perturbation comme, par exemple, une pente ou un vent contraire ?	1.6 Quelle fonction a le régulateur dans ce système ?
2. Comment, dans l'exemple donné de commande et de régulation, se fait la compensation de la valeur théorique/effective ?	
3. Indiquez la caractéristique marquante du déroulement de l'action des opérations de commande et de régulation.	
Déroulement de l'action :	Déroulement de l'action :
4. Citez d'autres exemples pour ce système	

5. Selon quel principe se fait le flux de signaux dans le dispositif de commande d'un système de tension de la ceinture de sécurité ?

5.1 Inscrivez ces expressions dans le schéma fonctionnel.

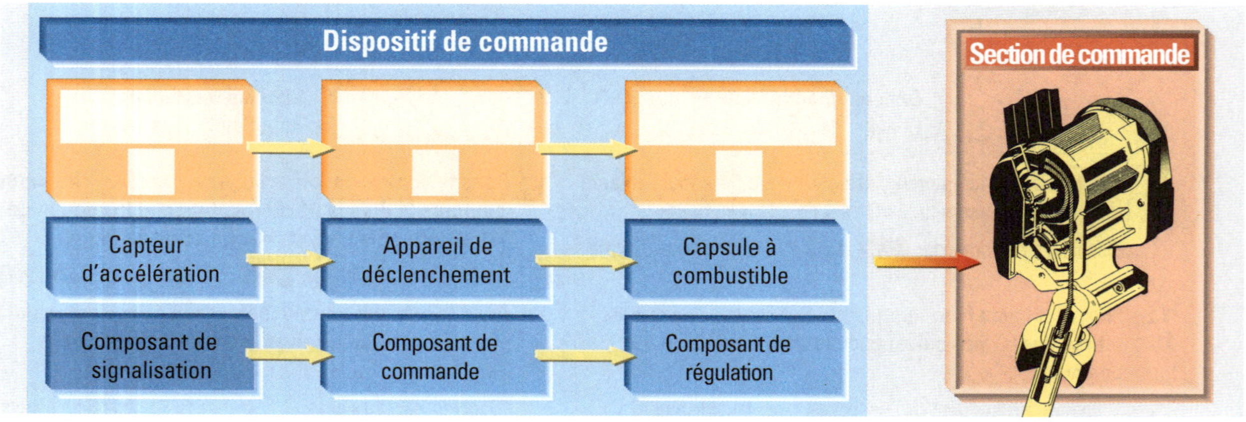

6. Comment désigne-t-on les composants de signalisation et de régulation dans la technique automobile ?

Composants de signalisation : ______ Composants de régulation : ______

Nom:		
Classe:	Date:	Feuille N°:

Composants de signalisation (capteurs)

7. **Quelles fonctions ont les composants de signalisation dans les dispositifs de commande et de régulation ?**

8. **Comment désigne-t-on les deux composants de signalisation représentés ? Indiquez chaque grandeur physique qui reçoit les composants de signalisation et citez un exemple d'application sur la voiture.**

	Composant de signalisation	Grandeur physique	Exemple d'application sur la voiture
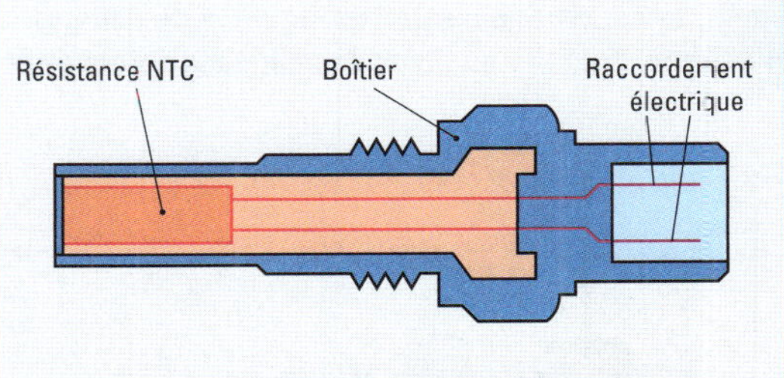			
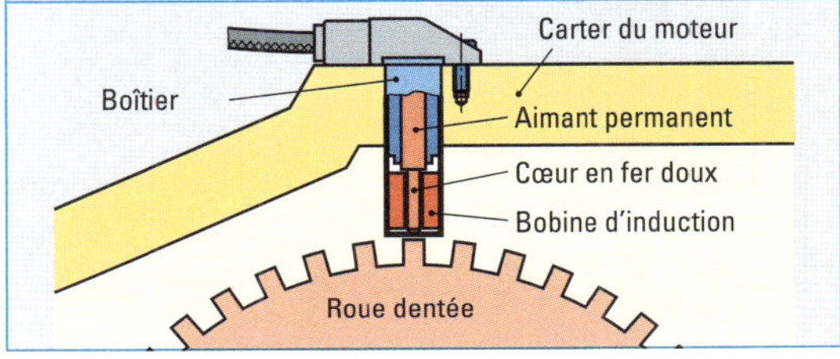			

9. **Indiquez d'autres exemples de composants de signalisation ayant une application dans la technique automobile.**

Types de signaux

10. **Nommez les formes de signaux représentées et décrivez leurs caractéristiques.**

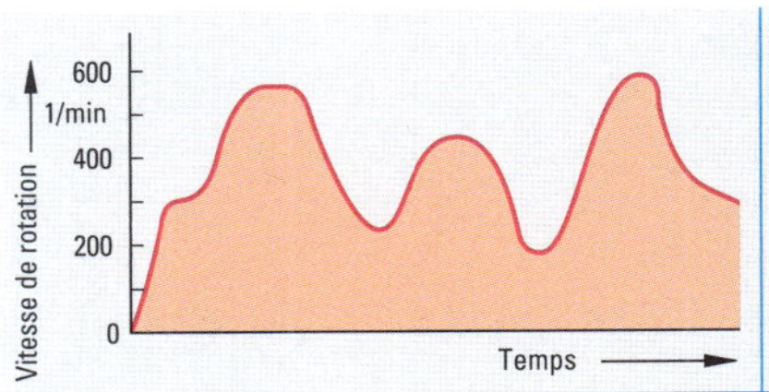

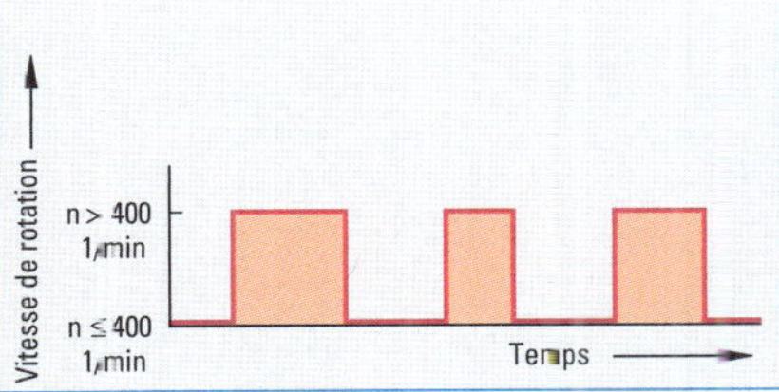

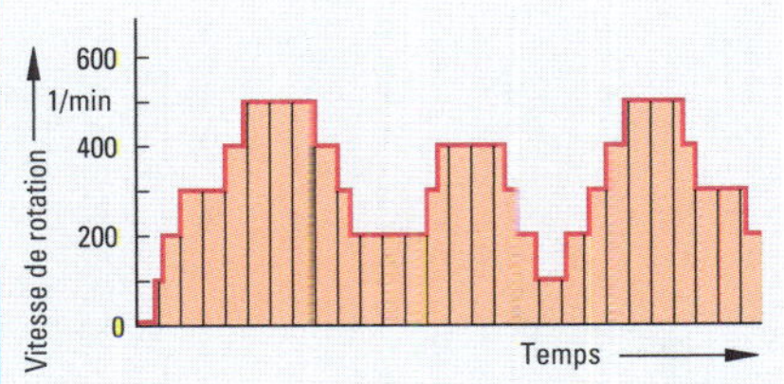

Composants de commande (appareils de commande)

11. **Quelles fonctions ont les composants de commande dans les dispositifs de commande ?**

EUROPA LEHRMITTEL

Technique de commande et de régulation

Principes de base **Feuille 4**

Nom:		
Classe:	Date:	Feuille N°:

Composant de régulation (acteurs)

12. Indiquez des exemples de composants de régulation sur une voiture.

13. Quelle fonction a le composant de régulation dans un dispositif de commande ou de régulation ?

Types de commandes

14. Les systèmes de commande et de régulation se différencient, entre autres, selon la transmission du signal et de l'énergie. Dans les illustrations, nommez chaque support de signal, respectivement d'énergie. Pour chaque type de commande, donnez des exemples d'applications dans le domaine automobile.

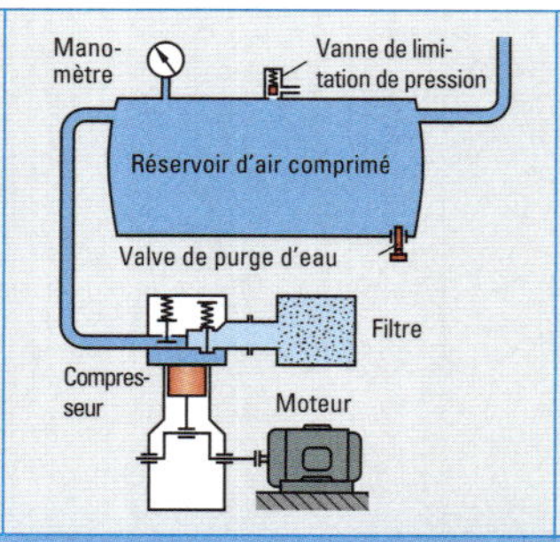

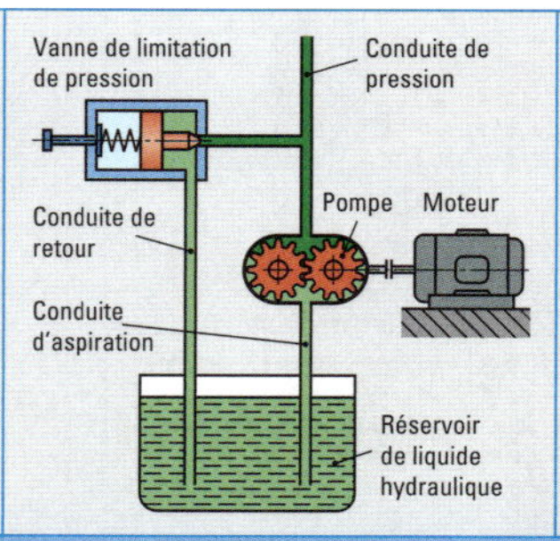

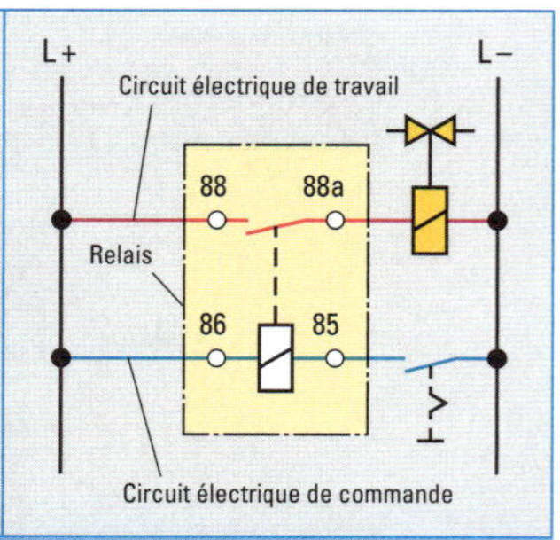

Type de commande			

Exemples d'applications			

La pression comme support de signal et d'énergie

15. Expliquez le terme de pression et donnez la formule, l'abréviation, l'unité et la conversion.

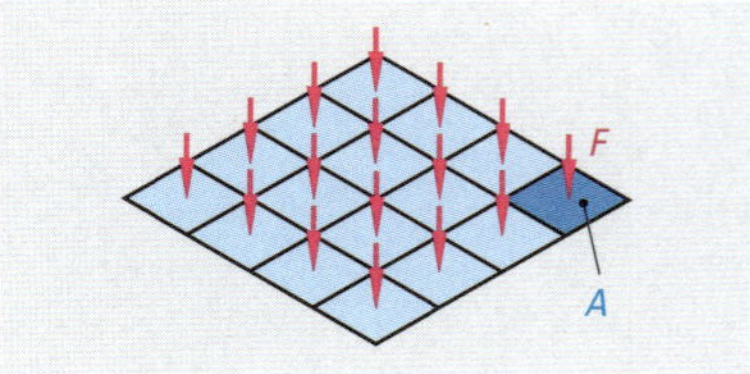

	Signes	Unités
Force		
Surface		
Pression		

Formule :

Conversions :

1 N/m^2 = ☐ Pa; 10 N/cm^2 = ☐ bar

16. **Exercice : le piston d'un cylindre hydraulique a un diamètre de 80 mm. Sur la tige du piston agit une force de 30 000 N. Quelle est la pression en N/cm² et en bar qui agit sur le fond du piston ?**

Pression absolue, pression atmosphérique, surpression

17. **Inscrivez dans l'illustration 1 les termes de la pression absolue « p_{abs} », de pression atmosphérique « p_{amb} » et de surpression positive, ou négative « p_e ». Aide : explications dans le récapitulatif.**

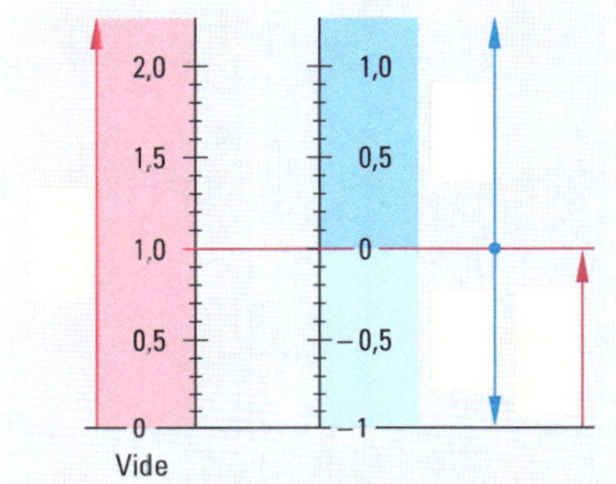

Illustration 1

Pression absolue : p_{abs} [1] [1] **abs = absolu**	C'est la pression régnant par rapport à la pression 0 dans le vide.
Pression atmosphérique: p_{amb} [2] [2] **amb = ambiens**	C'est la pression de l'air régnant dans l'atmosphère par rapport à la pression 0 dans le vide.
Surpression : p_e [3] [3] **e = exedence**	C'est la différence de pression entre la pression absolue et la pression atmosphérique. Elle peut être positive (surpression positive) ou négative (surpression négative = « dépression »).

Unités : p_{abs}, p_{amb}, p_e en	**Conversion :** 1 bar = mbar; 1mbar = hPa

18. **Pour les exemples d'application dans la voiture, complétez les valeurs chiffrées de « p_{abs}, p_{amb}, p_e » dans le tableau.**

18.1 **En gonflant les pneus, le manomètre indique une pression de 2,3 bar. Le baromètre indique une pression de l'air de 960 hPa.**

18.2 **Un système de refroidissement a une surpression positive de 1,1, la pression de l'air est de 1013 hPa.**

18.3 **Un amplificateur de force de freinage a une surpression négative de 0,2 bar. La pression de l'air est de 1030 hPa.**

Tableau 1	p_{abs} (bar)	p_{amb} (mbar)	p_e (bar)	Effet sur
Pneu				
Système de refroidissement				
Amplificateur de force de freinage				

19. **Exercice : Pour l'amplificateur de force de freinage (exercice 18.3), calculez l'amplification de la force en kN lorsque le diamètre de la membrane est de 26 cm.**

EUROPA LEHRMITTEL	**Technique de commande et de régulation** **Pneumatique, hydraulique** **Feuille 1** **Principes de base**	Nom:		
		Classe:	Date:	Feuille N° :

1. **Dans un véhicule on utilise souvent des commandes pneumatiques et hydrauliques. Donnez quelques exemples d'application.**

   Commandes pneumatiques :

   Commandes hydrauliques :

2. **En quoi se différencient les installations pneumatiques et hydrauliques ? Complétez le tableau.**

<table>
<tr><th></th><th>Installations pneumatiques</th><th>Installations hydrauliques</th></tr>
<tr><td>Fluide</td><td></td><td></td></tr>
<tr><td>Conduite de retour</td><td></td><td></td></tr>
<tr><td>Compressibilité</td><td></td><td></td></tr>
<tr><td>Pressions</td><td></td><td></td></tr>
<tr><td>Représentation schématique</td><td>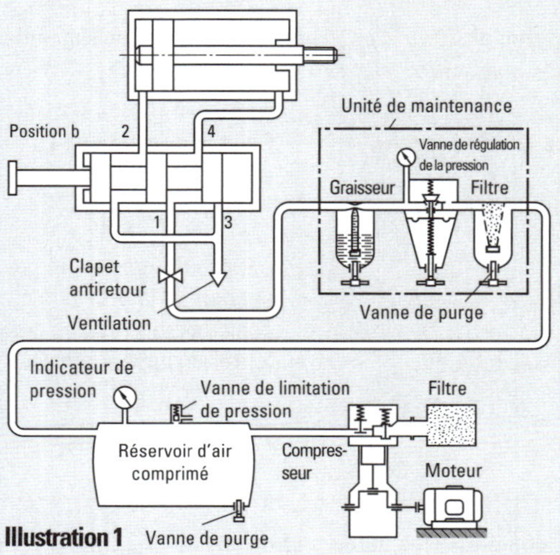

Illustration 1</td><td>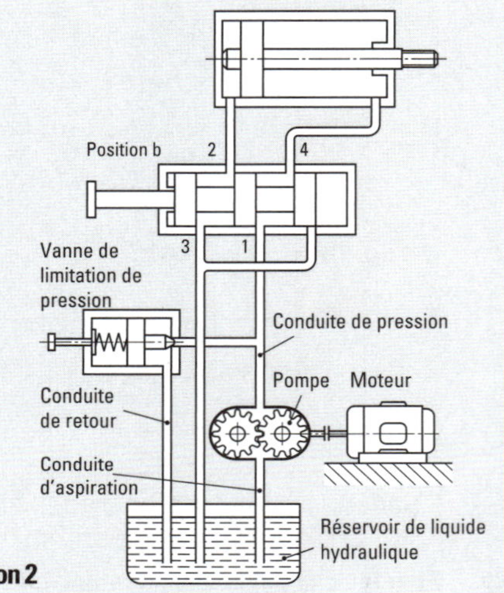

Illustration 2</td></tr>
</table>

3. **Les installations pneumatiques et hydrauliques se divisent généralement en 3 secteurs :**

   - Alimentation en énergie **- Commande d'énergie** **- Exécution du travail**
   Unité d'entraînement **Vannes** **Cylindres de travail**

   Marquez de différentes couleurs les trois secteurs dans les illustrations 1 et 2.

Unités d'entraînement

4. **Nommez les unités d'entraînement représentées et dessinez chaque symbole de couplage.**

<table>
<tr><td></td><td></td></tr>
<tr><td>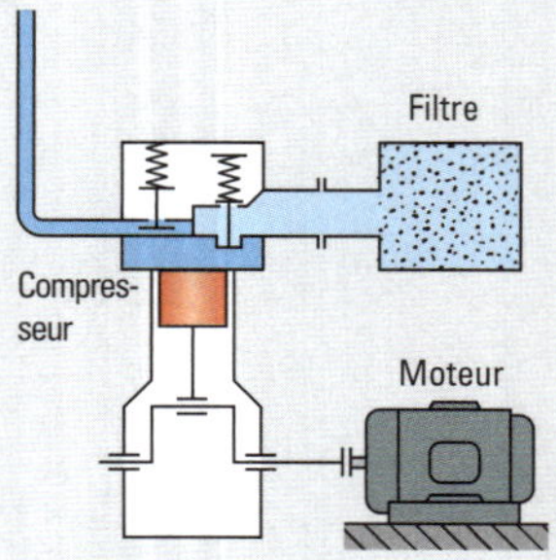
</td><td>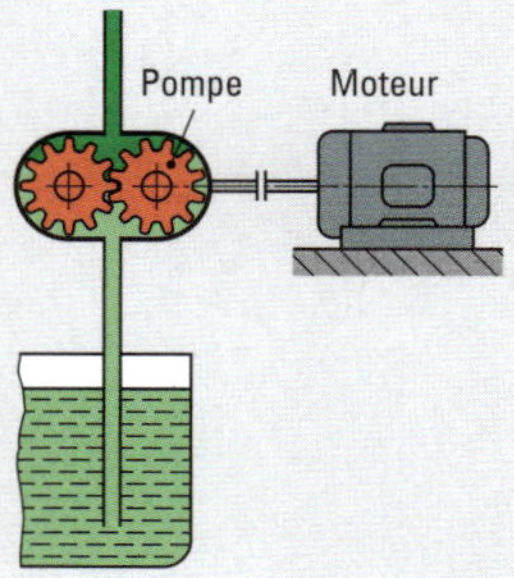
</td></tr>
</table>

EUROPA LEHRMITTEL	Technique de commande et de régulation Pneumatique, hydraulique Feuille 2 Vannes de distribution	Nom:		
		Classe:	Date:	Feuille N° :

Vannes de distribution

5. Quelles fonctions remplissent les vannes de distribution dans les systèmes hydrauliques et pneumatiques ?

6. Quelle signification ont les symboles de couplage marqués en rouge dans le tableau ?

Symboles	Explication	Symboles	Explication
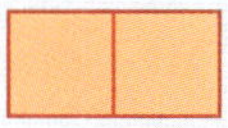	Des carrés signifient	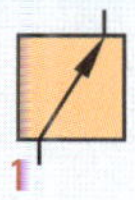	1 sur le carré signifie
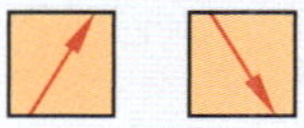	Des flèches dans le carré signifient	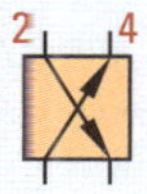	2, 4 sur le carré signifient
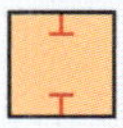	« T » signifie		
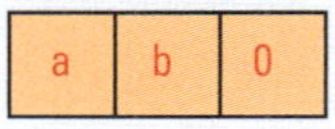	a, b, 0 dans les carrés signifient		3 sur le carré signifie

7. Pour les vannes de distribution, dans quelle position les raccords sont-ils dessinés vers l'extérieur ?

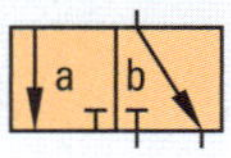

8. Les vannes de distribution sont désignées selon le nombre de raccords commandés et selon les positions de commutation. Les raccords et les positions de commutation sont séparés par une barre oblique (/). Nommez les vannes de distribution représentées et dessinez le symbole de couplage lorsque la représentation montrée correspond à la position de repos.

Dessin technique	Désignation	Symbole de couplage
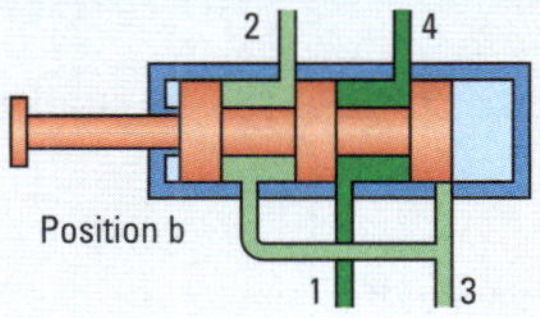		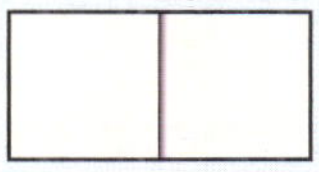

9. Nommez les vannes représentées et, dans le tableau, complétez le nombre de raccords et les positions de commutation.

	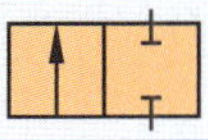	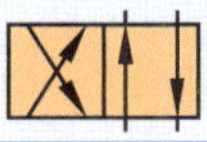	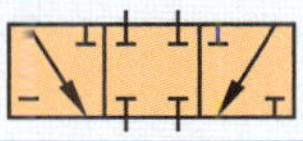	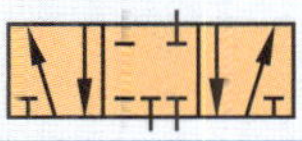
Désignation				
Raccords				
Positions de commutation				

10. Les vannes de distribution peuvent être actionnées différemment. En fonction des illustrations, nommez le type d'actionnement.

Symbole de couplage	Explication	Symbole de couplage	Explication
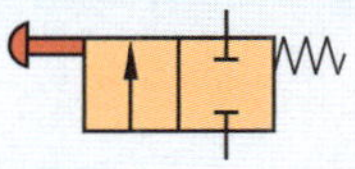		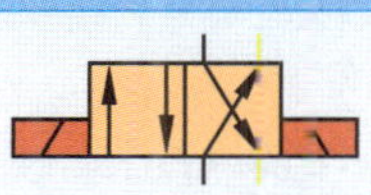	
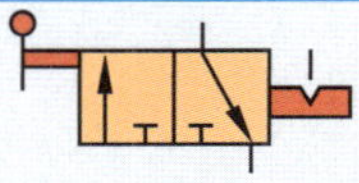		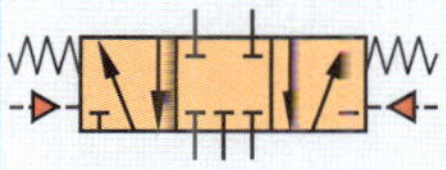	

Clapets antiretour

11. **Quelles fonctions remplissent les clapets antiretour dans les installations hydrauliques et pneumatiques ?**

12. **Nommez les clapets antiretour représentés. Dessinez chaque symbole de couplage. Expliquez comment peut se faire la circulation en complétant les phrases.**

Type de clapet antiretour	Symbole de couplage	Explication de la circulation
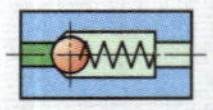		Si la pression agit contre la force de ressort,
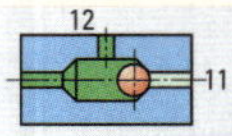		La sortie 12 est sous pression lorsque
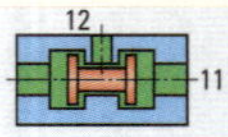		La sortie 12 est uniquement sous pression lorsque

Régulateurs de débit

13. **Quelles fonctions remplissent les régulateurs de débit dans les installations hydrauliques et pneumatiques ?**

14. **Représentez les symboles graphiques pour les soupapes de courant.**

Vanne papillon non réglable	Vanne papillon réglable	Clapet antiretour avec étranglement	
		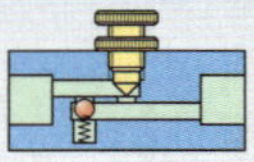	

Contrôleurs de pression

15. **Dessinez les symboles de couplage d'une vanne de limitation de pression. Quelle fonction a cette vanne ?**

Symbole de couplage	Fonction

Éléments de travail

16. **Au moyen des symboles de couplage représentés, nommez les éléments de travail représentés.**

Symbole de couplage	Désignation	Symbole de couplage	Désignation
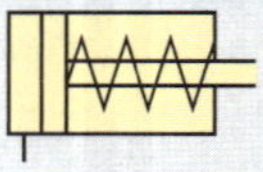		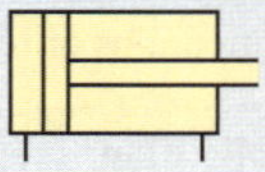	

Symboles pour la transmission d'énergie

17. **Nommez les symboles de transmission d'énergie représentés.**

				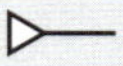	
		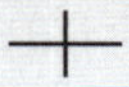			

EUROPA LEHRMITTEL	**Technique de commande et de régulation** **Schémas de connexions pneumatiques** **Feuille 1**	Nom:		
		Classe:	Date:	Feuille N° :

Commande directe d'un cylindre

1. Dans le schéma de connexions, nommez les éléments représentés symboliquement d'un frein moteur d'un camion.
2. Dans le schéma de connexions, complétez les conduites de travail et la vanne de distribution. La vanne de distribution est actionnée par un bouton et doit avoir comme effet que le piston se mette en position a et le clapet de retenue se ferme. En position b, le clapet de retenue est ouvert, ce qui correspond à la position initiale du clapet de retenue

Schéma	Schéma de connexions du frein moteur
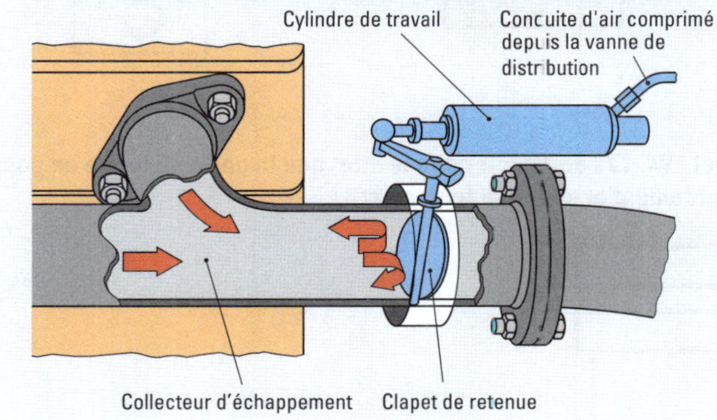	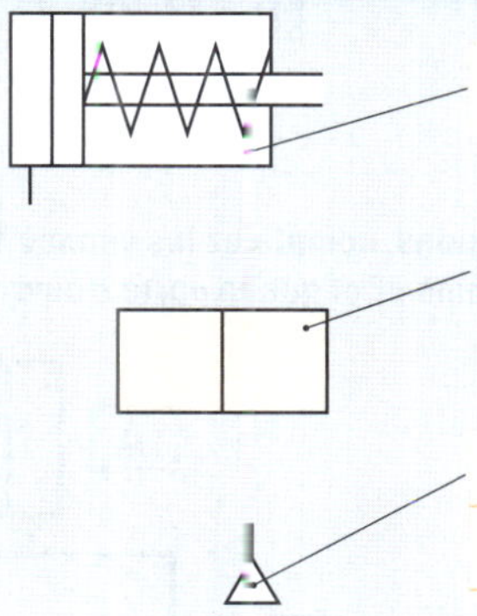

Commande indirecte d'un cylindre

3. Nommez les pièces 1A, 1S1 et 1S2 de l'installation pneumatique d'ouverture et de fermeture de porte.
4. Marquez de différentes couleurs les conduites de travail et les conduites de commande.
   Conduite de travail: Conduite de commande:
5. Complétez le composant de régulation 1V (vanne de distribution) dans le schéma de connexions pour que le piston se trouve en position rentrée (= porte fermée).

Schéma de connexions du système d'ouverture et de fermeture de porte	Désignation
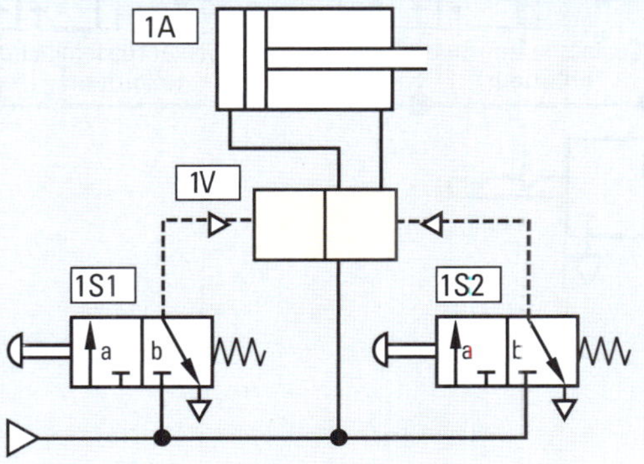	**1A** : **1S1,1S2:**

6. Décrivez le fonctionnement de l'installation lorsque la vanne de signalisation 1S1 est actionnée brièvement

7. Quel effet a l'action sur la vanne de signalisation 1S2 ?

8. Quelles fonctions a la vanne de distribution 1V ?

Nom:

Classe:	Date:	Feuille N° :

Commande pneumatique de la porte avant d'un bus

Avec cette installation, la porte avant doit pouvoir s'ouvrir et se fermer de l'extérieur et de l'intérieur. L'ouverture de la porte (le piston sort) doit se faire rapidement et la fermeture (le piston rentre), lentement.

9. Nommez les vannes utilisées dans l'installation.

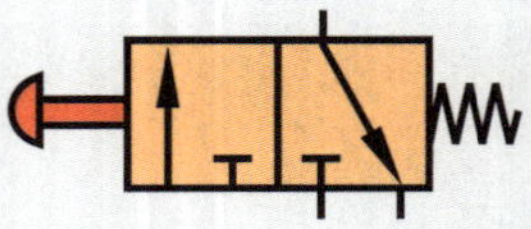	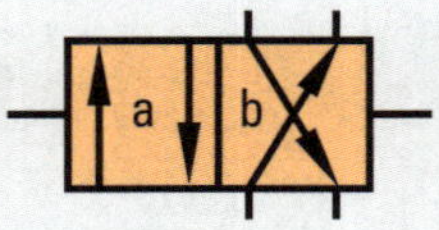	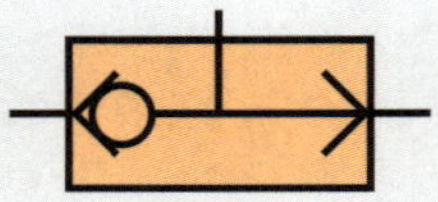	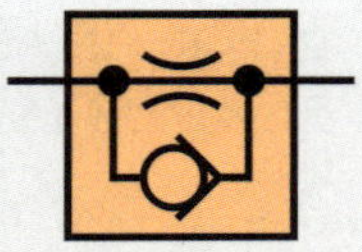

10. Dans le schéma de connexions, complétez les vannes 1V3 et 1V4. 1V3 doit avoir comme effet que la porte se ferme en position initiale. 1V4 doit avoir comme effet que la porte s'ouvre rapidement et se ferme lentement.

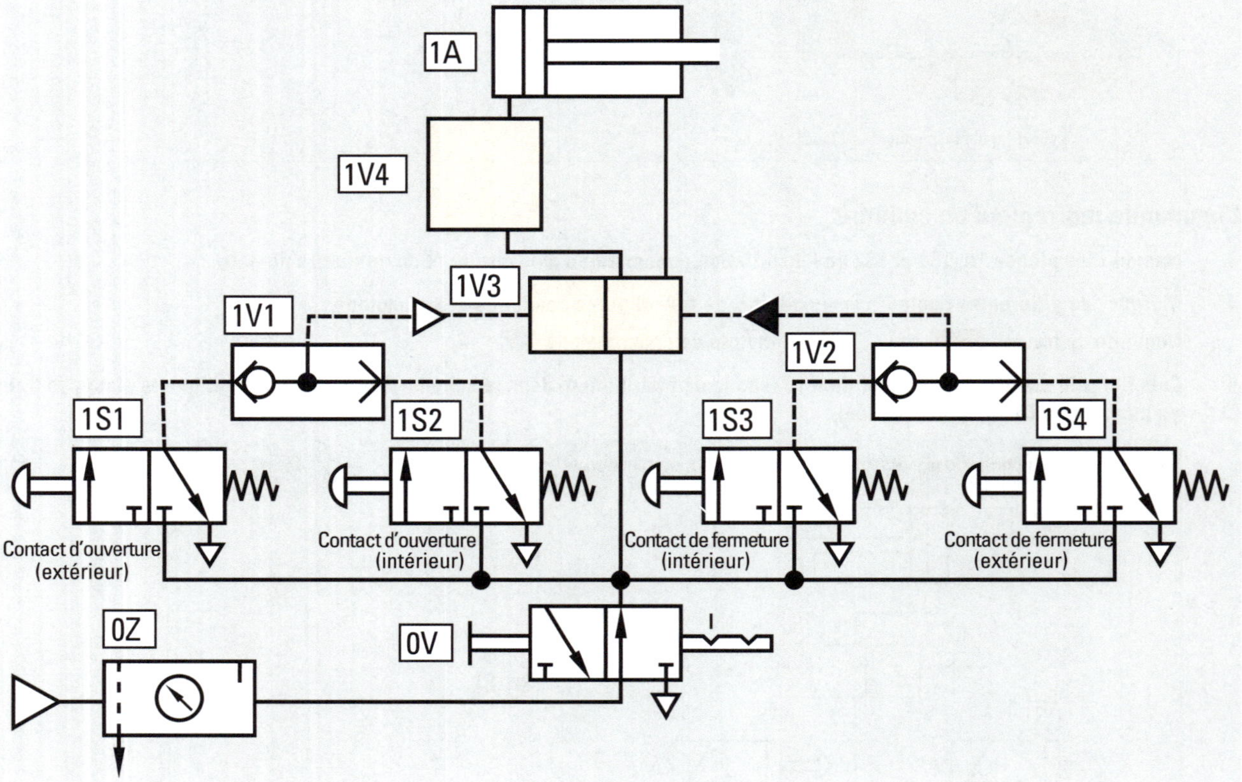

11. Que se passe-t-il lorsque 1S1 est actionné ?

12. Pour le cas correspondant à l'exercice 11, marquez de différentes couleurs la pression de commande et la pression de travail.

Pression de travail : **Pression de commande :**

13. Que se passe-t-il lorsque 1S3 est actionné ?

Charges électriques

1. Quels sont les avantages de l'énergie électrique par rapport à l'énergie chimique et mécanique ?

2. Nommez les composants de l'atome et indiquez les particules élémentaires et leurs charges.

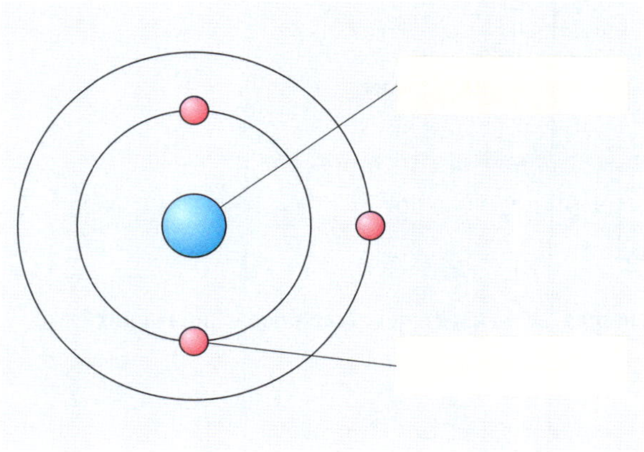

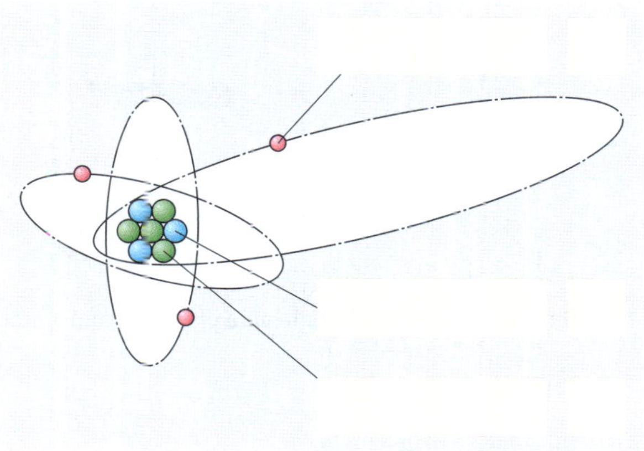

3. Quand un atome est-il électriquement neutre vis-à-vis de l'extérieur ?

4. Dessinez les charges positives et négatives dans les pendules représentés.

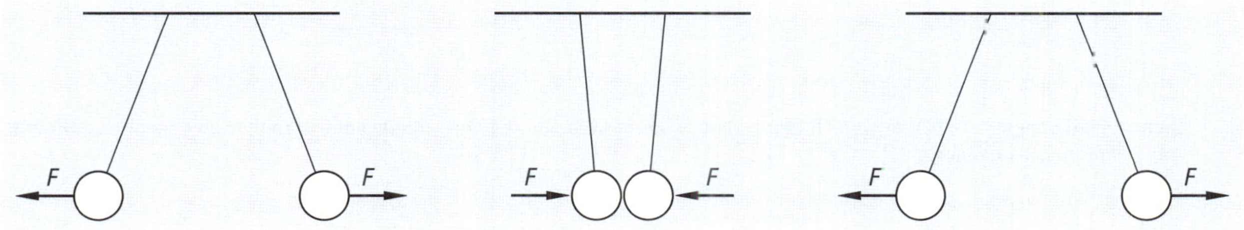

5. Par quoi est annulée la force centrifuge des électrons tournant à grande vitesse autour du noyau de l'atome ?

6. Qu'entend-on par « électrons libres » ?

7. Quelles particules de l'atome sont responsables du transport des charges ?

8. En quoi consistent les processus électriques ?

9. Que se passe-t-il lorsque les « électrons libres » se déplacent de façon ordonnée dans un sens ?

Tension électrique

1. Complétez:

	Symbole	Unité	Abréviation
Tension			

2. Répartissez 10 électrons (⊖) supplémentaires sur les pôles de telle manière qu'à la source de tension représentée se produise une différence de charge. Marquez le pôle + et le pôle -.

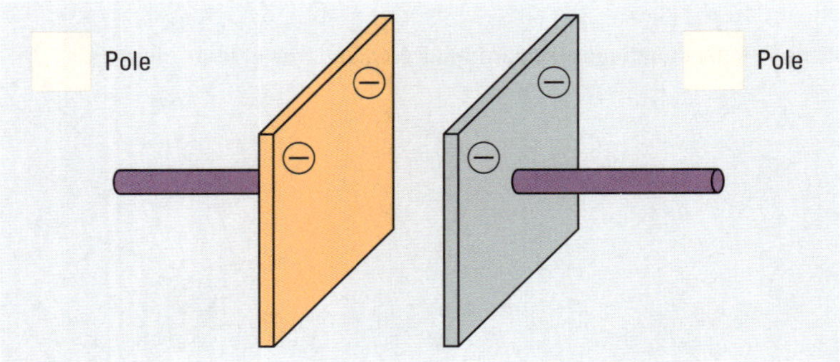

3. Qu'est-ce qui caractérise le pôle plus en ce qui concerne les charges, et qu'est-ce qui caractérise le pôle moins ?

Pôle +: Pôle –:

4. Qu'entend-on par tension ?

5. Quelles possibilités existe-t-il pour produire des tensions électriques ?

6. Comment se comportent les tensions lorsque vous reliez le pôle + et le pôle – et que vous branchez un consommateur entre eux ? Indiquez les causes.

7. Dans quelle condition une source de tension est déchargée ?

8. Avec quel appareil de mesure mesure-t-on la tension électrique ?

Courant électrique

1. Complétez :

	Symbole	Unité	Abréviation
Courant			

2. Quelles sont les deux conditions qui doivent être remplies pour qu'un courant électrique circule ?

3. Dans quelle direction circulent les électrons ?

Effectivement (physiquement) :

Techniquement :

4. Circuit de courant

4.1 Nommez les composants du circuit de courant et indiquez la désignation des bornes sur la voiture.

4.2 Dessinez le circuit de courant comme schéma séquentiel en vue éclatée dans la partie droite.

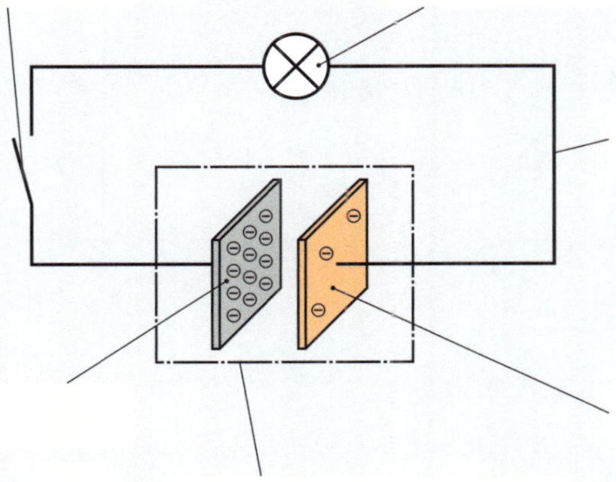

Borne

Borne

Borne +

Borne −

5. Qu'entend-on par courant continu ?

6. Qu'entend-on par courant alternatif ?

7. Complétez le tableau de courant continu et courant alternatif.

7.1 Dessinez un courant continu de 3 A.

7.2 Dessinez un courant alternatif de 2 A sur 2 périodes

	Courant continu	Courant alternatif
Abréviation anglaise		
Symbole		
Diagramme	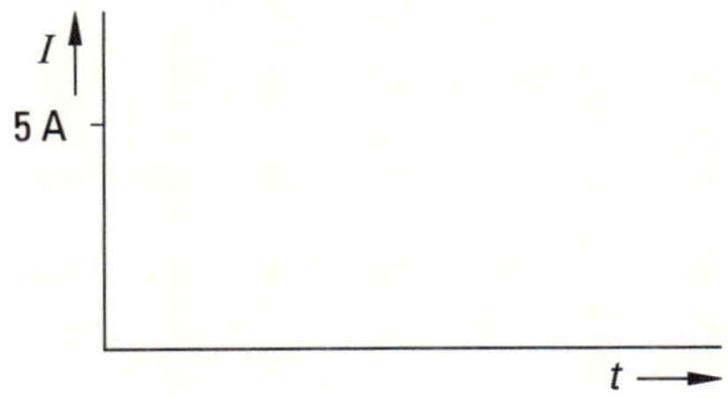	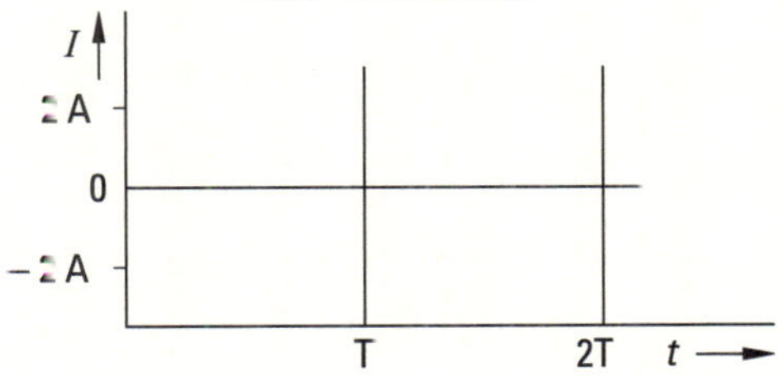

8. Avec quel appareil de mesure mesure-t-on le courant électrique ?

EUROPA LEHRMITTEL	Électrotechnique Principes de base Résistance électrique Feuille 1	Nom:		
		Classe:	Date:	Feuille N° :

Résistance électrique

1. Complétez:

	Symbole	Unité	Abréviation
Résistance électrique			

2. L'éclairage d'une plaque d'immatriculation d'une remorque est trop faible. Nommez les causes.

3. Expliquez les expressions électrotechniques suivantes

Résistance électrique :

Résistance spécifique :

4. De quelle grandeur dépend en premier lieu la résistance de ligne ?

5. Complétez la formule pour la résistance de ligne et indiquez les unités correspondantes !

Formule :

Unités :

6. Complétez le tableau

Désignation	Cuivre	Or	Aluminium	Fer	Argent	Tungstène
ρ en $\frac{\Omega \cdot mm^2}{m}$						

7. Calculez :

7.1 Quelle est la résistance de ligne d'un éclairage de remorque lorsque la longueur de la ligne en Cu est de 22 m et que la surface de section est de 1 mm².

7.2 On recherche la résistance de ligne d'un câble de démarrage : aluminium, longueur 1,2 m ; $d = 8$ mm.

8. Symbole de couplage

8.1 Au moyen des symboles de couplage représentés, désignez les résistances.

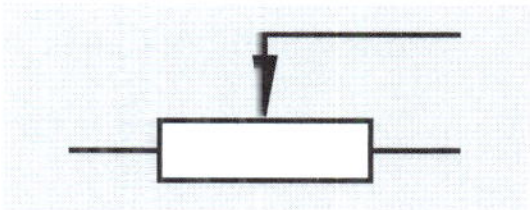

8.2 Complétez les représentations manquantes selon la norme.

Thermistor (NTC)

Posistor (PTC)

Résistance dépendant de la lumière

9. Dans une voiture, on utilise des résistances dépendantes de la température pour commander et réguler.

9.1 Compléter le tableau en vous aidant du diagramme.

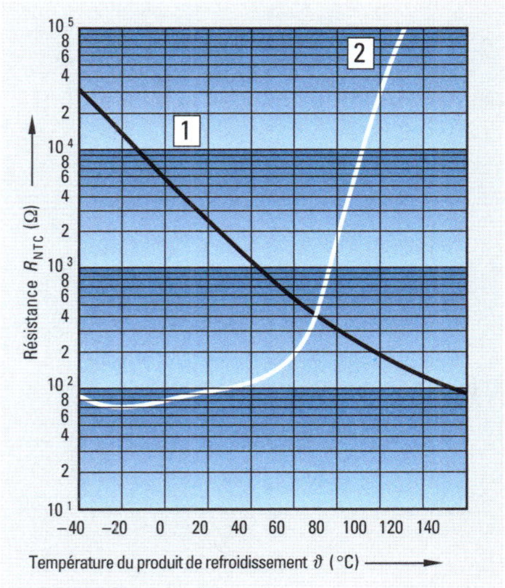

		Résistance 1	Résistance 2
Désignation			
Valeur de résistance à	**− 20 °C**		
	+ 20 °C		
	+ 60 °C		
Résistance à température montante			

9.2 Pour chacune des résistances ci-dessus dans une voiture, donnez un exemple d'application.

NTC : **PTC :**

10. Comment différencie-t-on les matériaux en ce qui concerne leur comportement électrique ? Nommez deux exemples de chaque.

11. Pourquoi des matériaux différents conduisent-ils le courant électrique de différentes manières ?

12. Dans quels composants électroniques utilise-t-on des matériaux semiconducteurs ?

Mesure dans le circuit électronique (règles de mesure)

Mesure de la tension

Il s'agit de mesurer les tensions U_1 sur le consommateur R_1 et la tension de la batterie U_B.

1. Comment doivent être branchés les voltmètres dans le circuit électrique ?

   Ils doivent être branchés

2. Complétez le dessin des voltmètres et dessinez les voltmètres dans le schéma de connexions.

Symbole du voltmètre

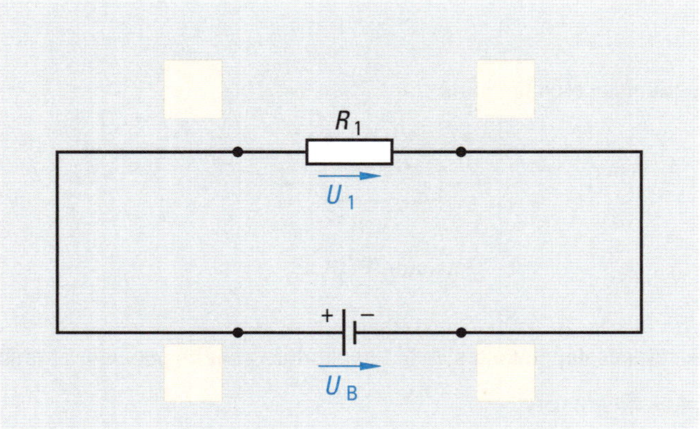

30

31

3. Dans le dessin, indiquez la polarité (+,-) sur l'appareil de mesure.
4. Dessinez le schéma de connexions avec les appareils de mesure en vue éclatée dans la partie droite de la feuille.

Mesure du courant

Il s'agit de mesurer le courant I_g.

5. Comment doivent être branchés les ampèremètres dans le circuit électrique ?

   Ils doivent être branchés

6. Complétez le dessin pour l'ampèremètre et dessinez un ampèremètre dans le schéma de connexions ci-dessous.

Symbole de l'ampèremètre

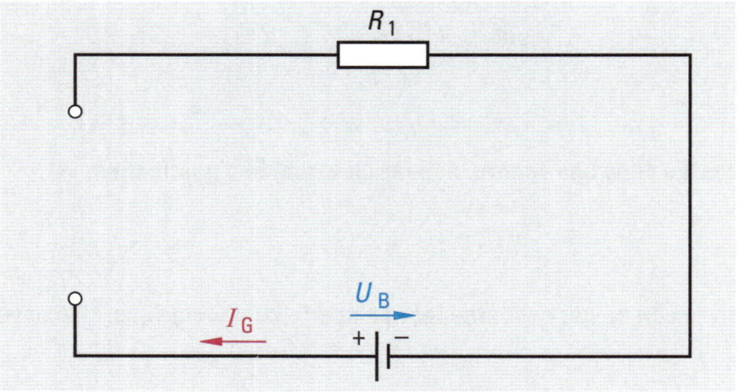

30

31

7. Dessinez le schéma de connexions avec l'appareil de mesure en vue éclatée dans la partie droite de la feuille.
8. Que se passe-t-il lors l'ampèremètre est branché en parallèle ? Donnez les raisons.

Mesure de la résistance

9. Que faut-il prendre en compte pour la mesure directe de la résistance d'un composant ?

Nom:

Classe: | Date: | Feuille N° :

La loi d'Ohm

1. **Vous avez la série de mesures suivante. À partir de cette série, dessinez un diagramme.**

U [V]	24	12	6	3	1
R [Ω]	100	100	100	100	100
I [A]	0,24	0,12	0,06	0,03	0,01

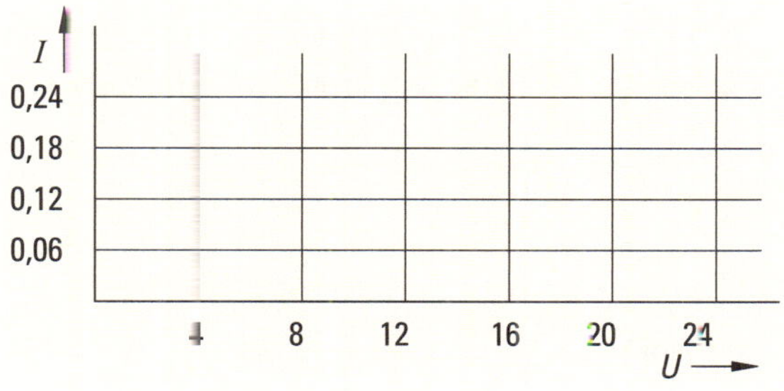

2. **Quel rapport existe-t-il, à résistance constante, entre la tension et le courant ?**

3. **Inscrivez la formule de la loi d'Ohm et indiquez l'équation aux unités correspondante.**

Formule : **Unités :**

Comme aide, servez-vous du mot « URI »
Application : La grandeur recherchée est couverte dans le triangle !

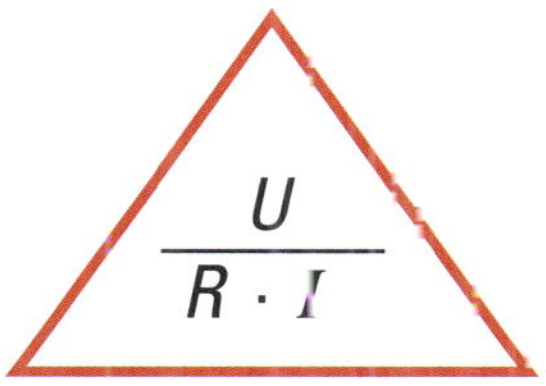

4. **Transformez la formule selon toutes les grandeurs**

***U* =** ______ ***R* =** ______ ***I* =** ______

5. **Calculez.**

5.1 **Un câble de démarrage possède une résistance de 0,0005 Ω. Quelle est la perte de tension sur la ligne si, un court instant, un courant de 450 A circule ?**

5.2 **Quelle est la résistance d'une ampoule de 12 V lorsqu'un courant de 4,55 A circule ?**

5.3 **Une bobine d'allumage possède une résistance de 0,75 Ω. Quel courant circulerait dans un système d'allumage de 12 V s'il n'avait pas de régulation électronique ?**

EUROPA LEHRMITTEL

Électrotechnique
Principes de base
Puissance, travail

Nom:

Classe: | Date | Feuille N° :

Puissance, travail

1. **Quelle signification a l'inscription sur le culot de la lampe ?**

2. **Complétez la formule pour la puissance électrique et indiquez les unités correspondantes.**

Formule :   **Unités :**

3. **Complétez la formule pour le travail électrique et indiquez les unités correspondantes.**

Formule :   **Unités :**

4. **Calculez !**

4.1 **Une vitre arrière chauffante d'une voiture consomme un courant de 5,5 A. Quelle puissance est nécessaire ?**

4.2 **Un apprenti oublie de couper le chauffage à air chaud électrique de 220 V / 2000 W dans une salle durant tout le week-end. Quel travail électrique est nécessaire si le ventilateur fonctionne durant 50 h ? Quel coût en résulte si 1 kW/h coûte 0,17 € ?**

Rendement

5. **Quel rapport existe-t-il, par exemple pour des machines électriques, entre la puissance d'alimentation et la puissance fournie ?**

6. **Le rapport entre la puissance d'alimentation et la puissance fournie est déterminé par le rendement. Indiquez la formule pour le rendement.**

7. **Quel est le rapport de la puissance d'alimentation à la puissance fournie ?**

8. **Que signifie la phrase : « Le moteur possède un rendement de 70% » ?**

9. **Dans les illustrations suivantes, complétez P_{mec} et P_{el} . Quels groupes constitutifs de la voiture sont représentés ici ?**

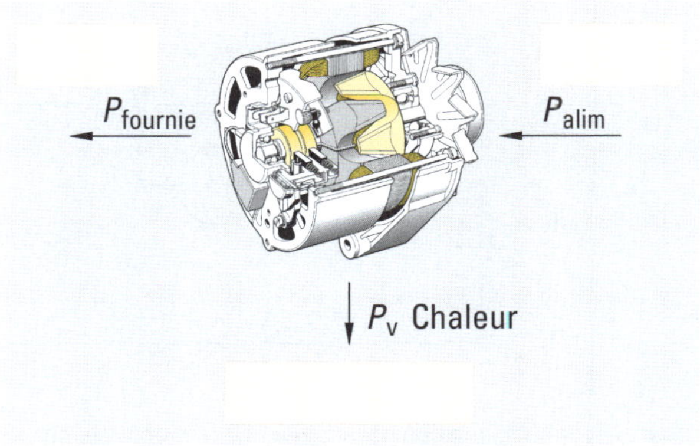

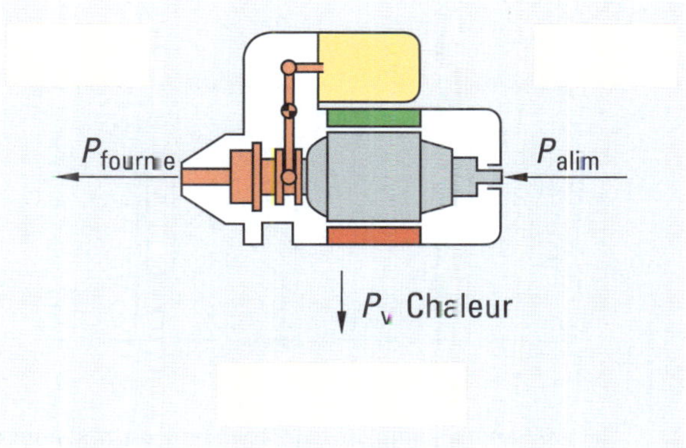

10. **Calculez !**

10.1 **L'alternateur d'une voiture a un rendement de 85% pour une tension de 14,3 V. Quelle puissance d'entraînement lui faut-il lorsque le courant de charge est de 60 A ?**

10.2 **Un démarreur de voiture consomme un courant de 450 A. Quelle puissance d'entraînement est disponible sur le pignon de démarreur si le démarreur possède un rendement de 40% ?**

Montage des résistances

1. **Comment se comportent le courant, la tension et la résistance totale dans les montages représentés ci-dessous ? Complétez le tableau.** $R_1 = 1\ \Omega$ et $R_2 = 2\ \Omega$

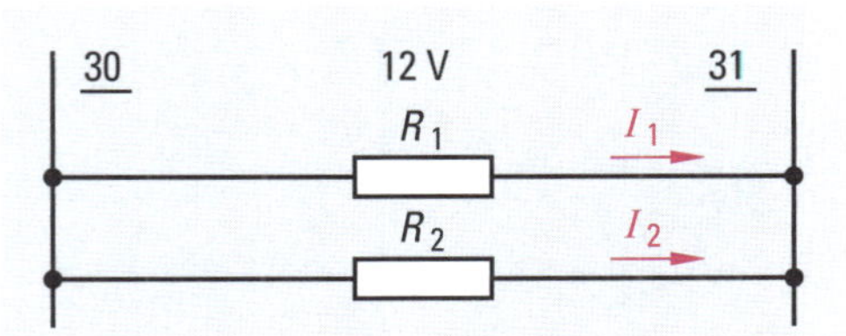

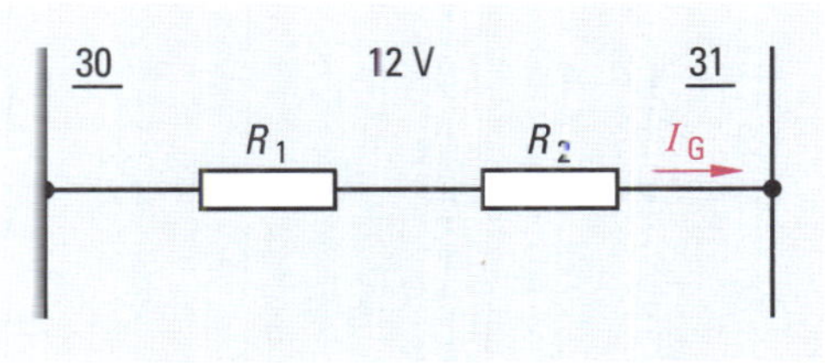

Formule	Valeur	Type de montage	Formule	Valeur
I_G		**Courant**		
U_G		**Tension**		
R_G		**Résistance totale**		
P_G		**Puissance**		

	Électrotechnique **Principes de base** **Montage des résistances**	Nom:		
		Classe:	Date:	Feuille N° :

2. **Les montages sont complétés chacun par une troisième résistance de 3Ω . Dans les montages, complétez les appareils de mesure et indiquez ce qui est mesuré.**

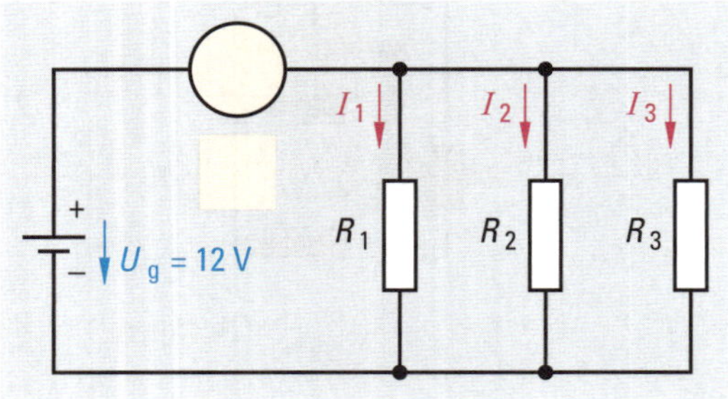

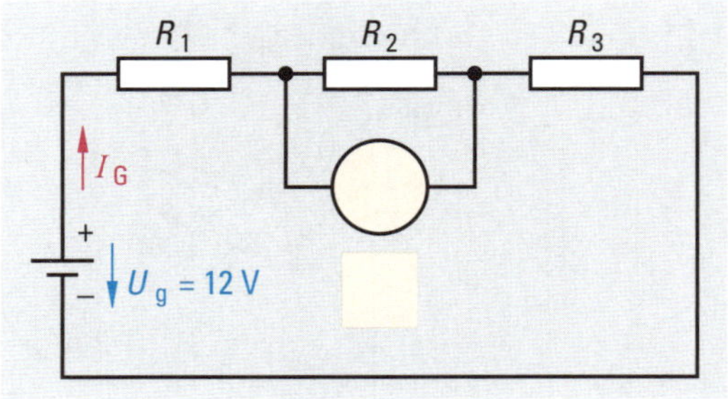

3. **Comment ont changé les montages tension, résistance totale, courant et puissance comparativement aux montages de l'exercice 1 ?**
Comment se comporte le courant lorsque R_1 est supprimée ?
Complétez le tableau.

Montage en parallèle			Montage en série	
Valeur	**Modification par rapport à l'exercice 1**		**Valeur**	**Modification par rapport à l'exercice 1**
		Tension totale		
		Résistance totale		
		Courant total		
		Puissance totale		
		Conséquence sur la circulation du courant si R_1 est défectueuse		

4. **Calculez !**

4.1 **La vitre arrière chauffante d'une voiture (U = 12 V) avec une consommation de courant de 66 W possède 22 fils de chauffe. Comment sont modifiés le courant, la résistance et la puissance si 4 fils sont endommagés ?**

Nom:

Classe:	Date:	Feuille N° :

Décrivez les effets du courant électrique. Complétez le tableau.

Effet	Connaissance/Exemples
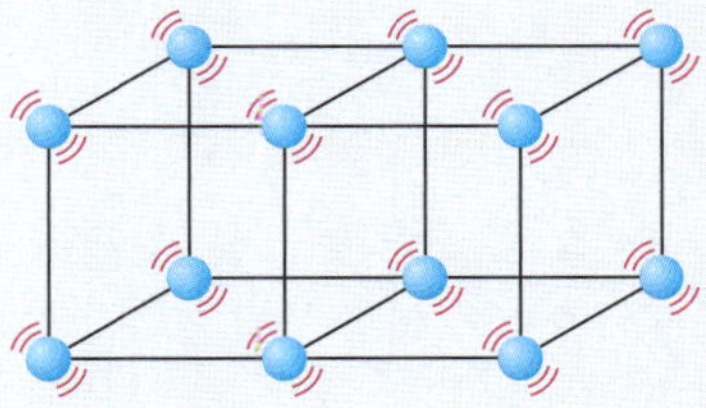	
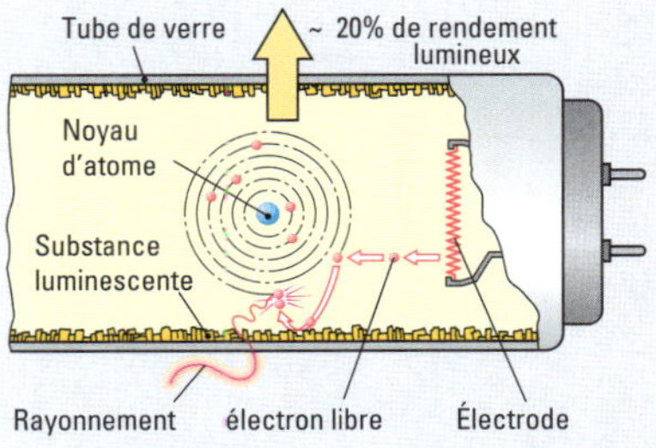	
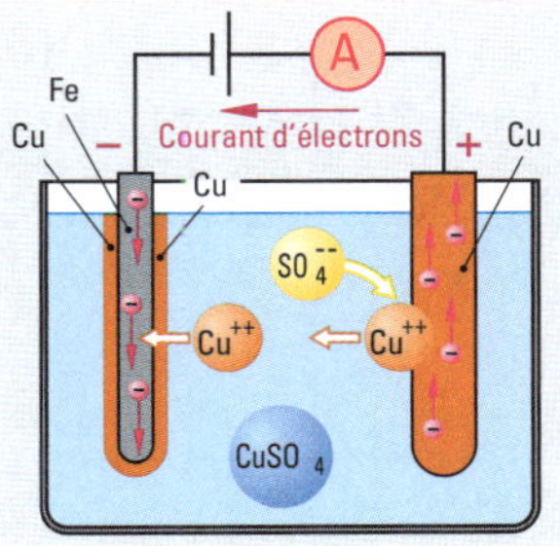	
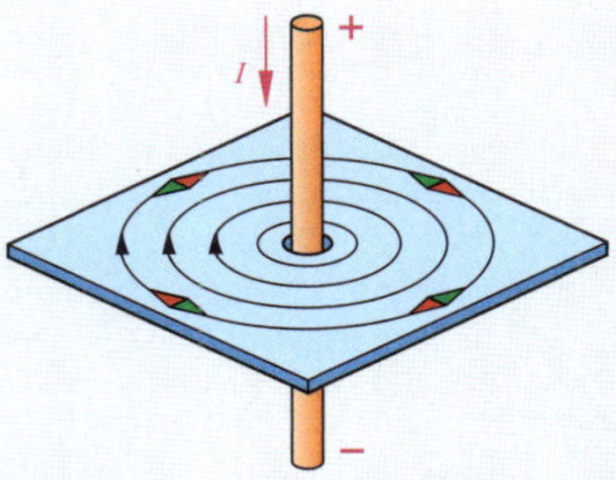	
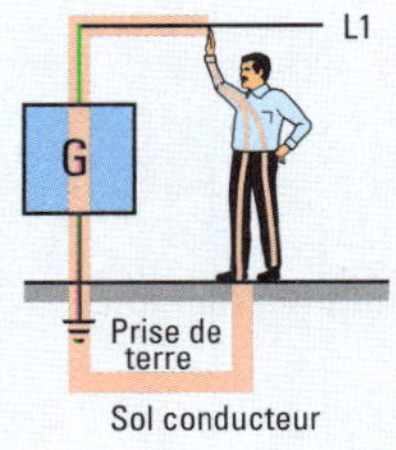	

Nom:		
Classe:	Date:	Feuille N°:

Protection contre les dangers du courant électrique

1.1 **À partir de quelles valeurs de tension et de courant peut-il y avoir des effets mortels pour l'homme ?**

Courant : ____________ **Tension :** ____________

1.2 **Les valeurs de l'exercice 1 ne doivent pas être dépassées. Quelle doit être au moins la résistance de contact de la peau humaine pour que ces valeurs ne soient pas dépassées ? Calculez la résistance.**

1.3 **Pourquoi le fait de toucher des pièces sous tension est particulièrement dangereux si le corps est mouillé ? (p. ex. après un bain, en suant) ?**

1.4 **Pourquoi, malgré une faible tension, la plupart des électrocutions sont mortelles ?**

2.1 **Complétez le tableau ci-dessous.**

Mesure de protection	Symbole	Effet de la protection	Application pour
Isolation de protection	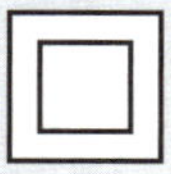		
Basse tension de protection			
Terre	 PE		
Disjoncteur à courant de défaut	FI		

2.2 **Justifiez pourquoi un fusible, par exemple de $I = 1$ A, n'est pas à lui seul une protection pour l'homme ?**

2.3 **Pourquoi utilise-t-on des fusibles ?**

3. **Sur quelles installations dans une voiture faut-il être particulièrement vigilant en raison de hautes tensions ?**

Électrotechnique
Semi-conducteurs
Matériaux semi-conducteurs, diodes

Nom:

Classe: | Date: | Feuille N° :

1. De quoi dépend essentiellement la conductibilité des matériaux semi-conducteurs ?

2. En quelles catégories de matériaux classe-t-on les semi-conducteurs en ce qui concerne leur résistance spécifique ?

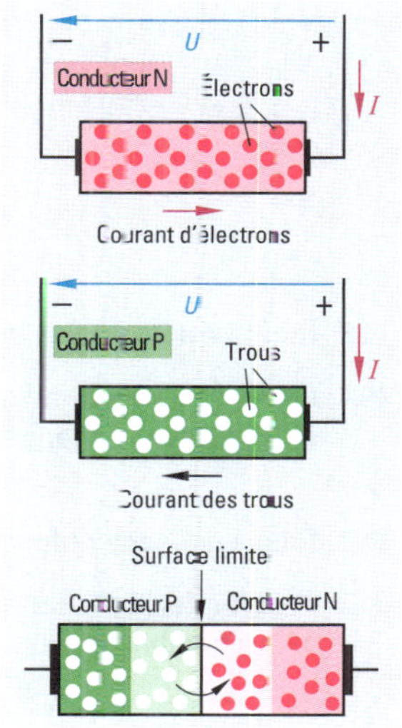

3. Qu'entend-on par conducteur N (conducteur négatif) ?

4. Qu'entend-on par conducteur P (conducteur positif) ?

5. Que se passe-t-il à la jonction P-N ?

6. De quoi sont faites les diodes ?

7. Dans les deux illustrations ci-dessous, dessinez le courant d'électrons I_E, respectivement le courant de trous I_T et les couches d'arrêt qui apparaissent en présence d'une tension.

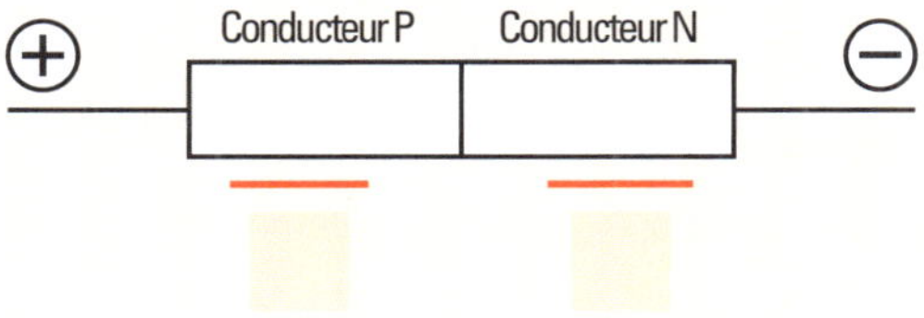

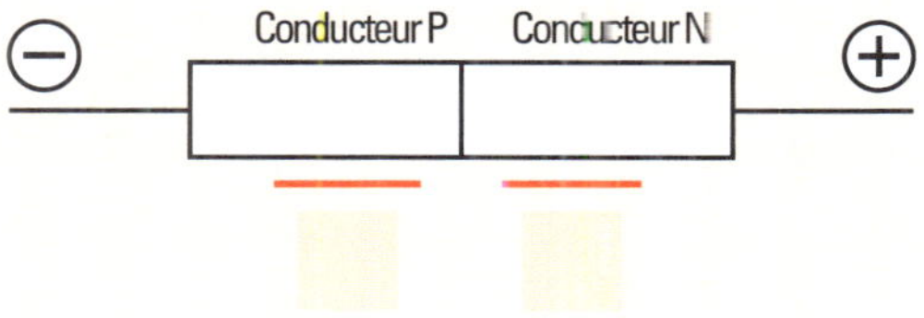

8. Dans les circuits électriques, dessinez les symboles de couplage des diodes pour que

la lampe soit allumée

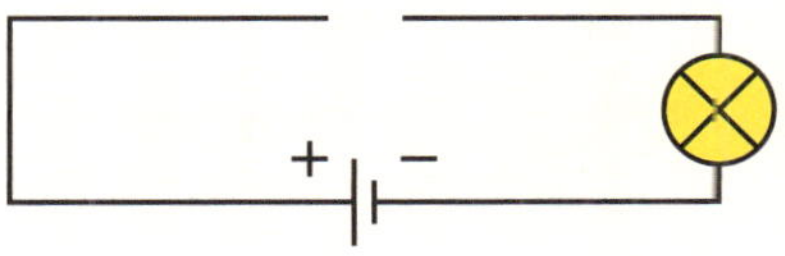

la lampe soit éteinte

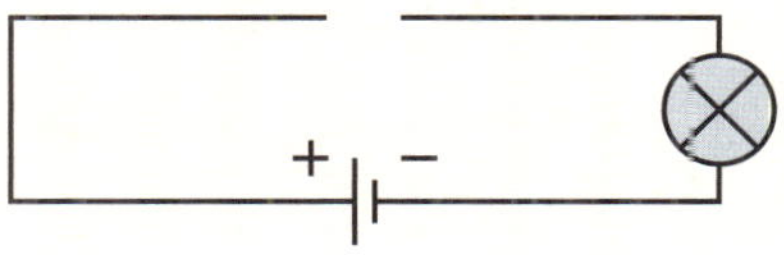

9. L'illustration montre la courbe caractéristique d'une diode. Comment se comporte la diode dans les secteurs 1 à 3 ?

1

2

3

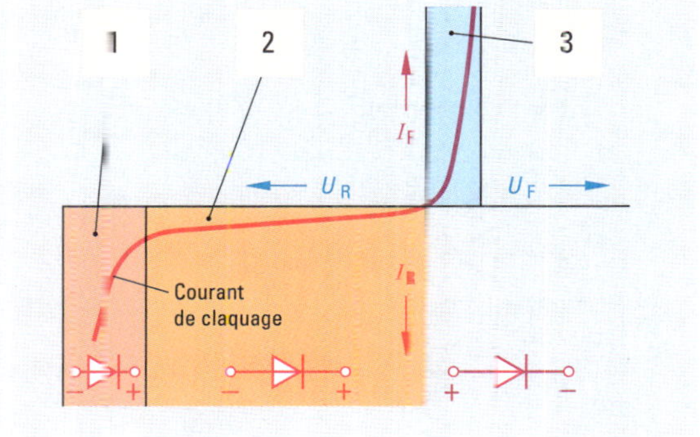

	Électrotechnique **Semi-conducteurs** **Diodes**	Nom :		
EUROPA LEHRMITTEL		Classe :	Date :	Feuille N° :

10.1 **Dans quel secteur la diode fonctionne-t-elle ?**

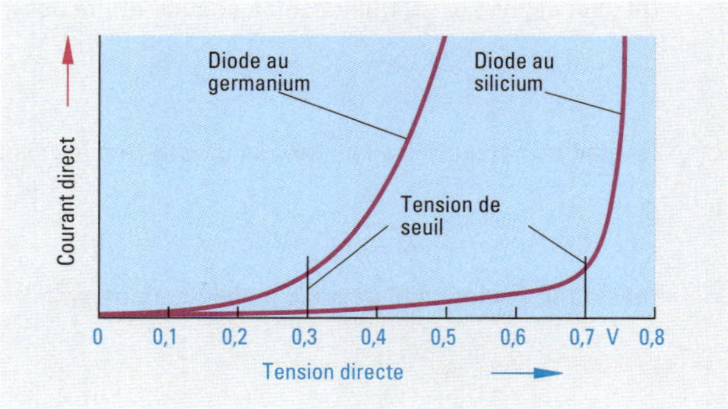

10.2 **Qu'entend-on par tension de seuil ?**

10.3 **Quelle est la tension de seuil sur les diodes au silicium ?**

10.4 **Complétez la polarité sur le symbole de diode, lorsque la diode doit fonctionner dans le secteur décrit ci-dessus.**

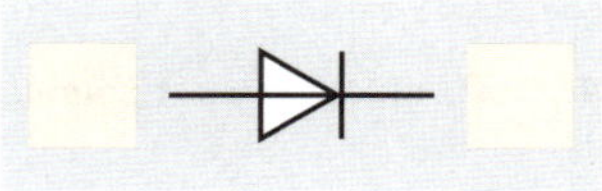

11.1 **Dans quel secteur fonctionne la diode de Zener ?**

11.2 **À partir de quelle tension une diode de Zener de type V8 est conductible ?**

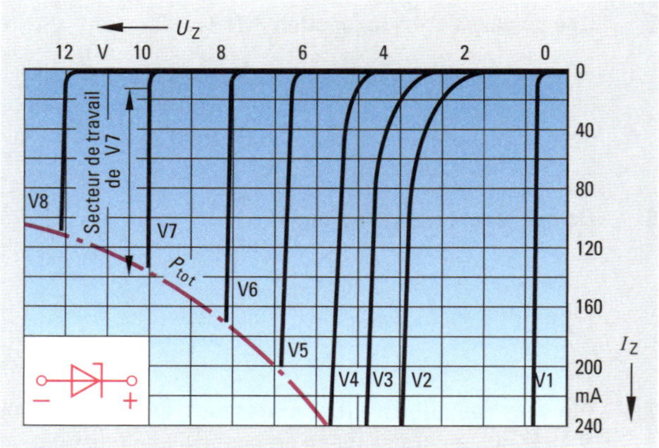

11.3 **Quelle est l'intensité maximale admissible ?**

11.4 **Pourquoi les diodes de Zener ont toujours besoin d'une résistance série ?**

11.5 **Complétez la polarité sur le symbole de la diode lorsque la diode de Zener doit fonctionner dans le secteur décrit ci-dessus.**

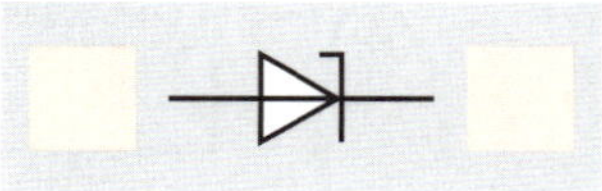

11.6 **Dans quel but sont utilisées les diodes de Zener dans les montages électroniques ?**

12. **Quels composants sont représentés par les symboles suivants ? Complétez le tableau.**

	Désignation	Propriétés

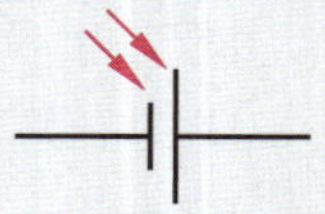		
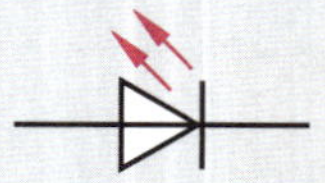		
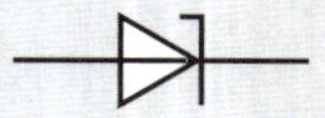		

1. À quel composant électrique peut-on comparer le transistor ?

2. Nommez deux avantages importants du transistor par rapport au composant ci-dessus.

3. Quelles fonctions peuvent avoir les transistors ?

4. Complétez les désignations manquantes et indiquez la bonne polarité.

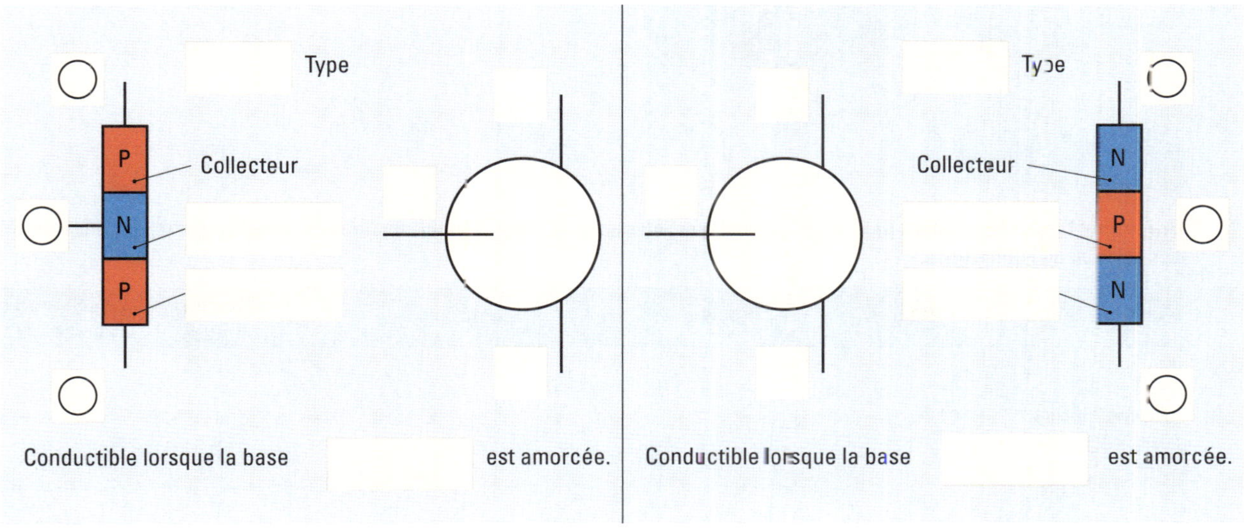

5.1 Quel type de transistor a été utilisé dans le montage ci-contre ?

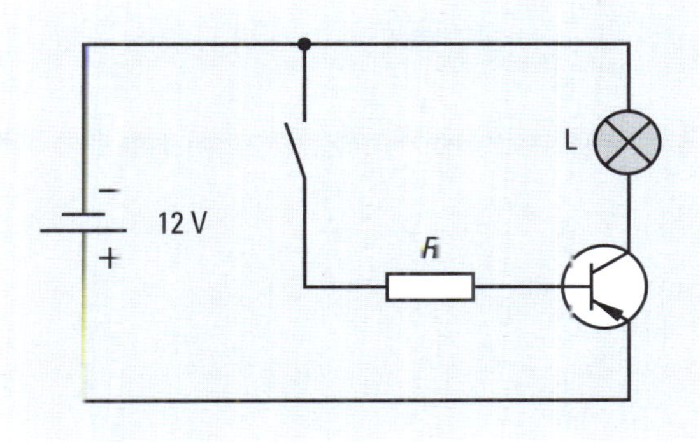

5.2 Quelles conditions doivent être remplies pour que la lampe s'allume?

5.3 À quoi sert la résistance R ?

6.1 Dans le schéma de connexions ci-contre, il faut utiliser un transistor NPN pour commuter la lampe L. Complétez le schéma de connexions.

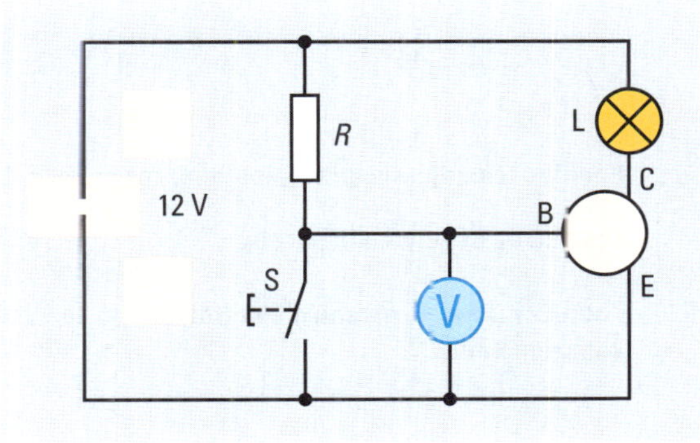

6.2 Que se passe-t-il lorsque le commutateur S est fermé ?
Expliquez.

6.3 Quelle tension indique le voltmètre représenté lorsque les lampes sont allumées ?

EUROPA LEHRMITTEL	**Électrotechnique** **Batterie**	Nom :		
		Classe :	Date :	Feuille N° :

1. **Nommez les éléments de la batterie représentée.**

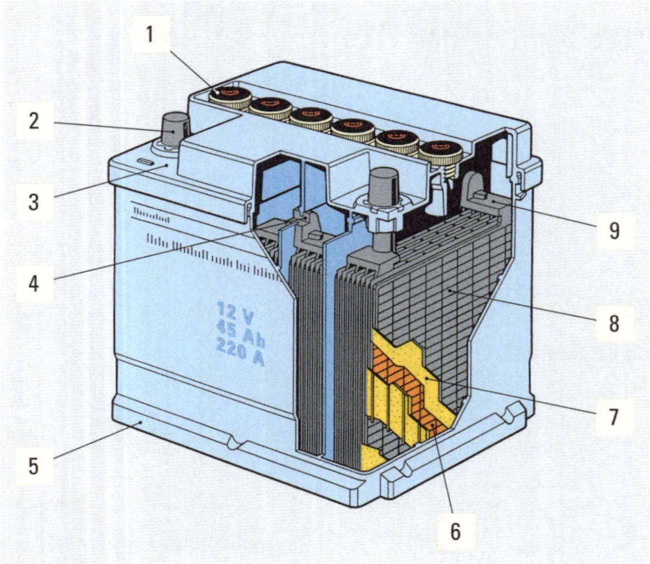

1 ______
2 ______
3 ______
4 ______
5 ______
6 ______
7 ______
8 ______
9 ______

2. **De quoi sont faites les plaques plus et moins ainsi que l'électrolyte ? Pour chacune, indiquez la densité et la température de congélation de l'électrolyte.**

État de charge	Plaques +	Plaques -	Électrolyte	Densité en g/cm^3	Température de gel en °C
Pleine charge					
Déchargée					

3. **Quelles sont les valeurs caractéristiques de la batterie (illustration) ? Expliquez ces valeurs de référence.**

a) ______

b) ______

c) ______

4. **Pour les tensions suivantes, indiquez les valeurs de tension définies par élément.**

Tension de dégagement gazeux ______ Tension finale de charge ______ Tension finale de décharge ______

5. **Pourquoi, avec un niveau d'électrolyte trop bas, il ne faut rajouter que de l'eau déminéralisée ou distillée et pas d'acide sulfurique dilué ?**

______

EUROPA LEHRMITTEL

Électrotechnique

Éclairage et signalisation

Principes de base

Feuille 1

Nom :		
Classe :	Date :	Feuille N° :

1. **Qu'entend-on par équipements techniques d'éclairage ?**

2. **Quelles fonctions ont les lampes ?**

3. **Quelles fonctions ont les phares ?**

4. **Nommez chaque phare et lampe.**

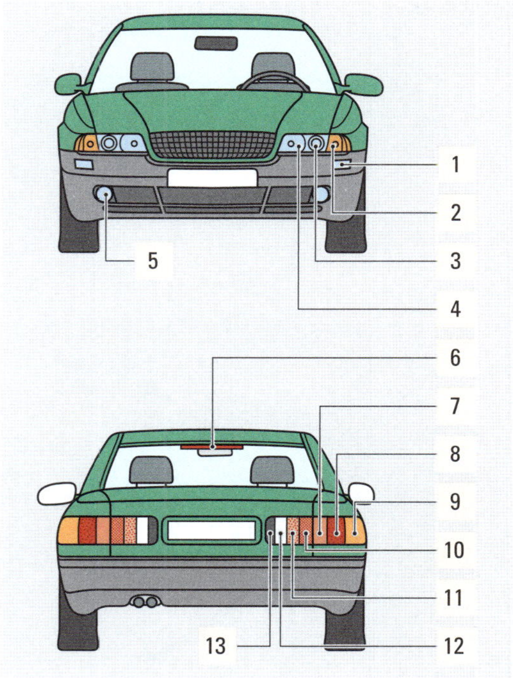

1
2
3
4
5
6
7
8
9
10
11
12
13

5. **Moyens d'éclairage**

5.1 **Complétez le tableau**

Types de lampe					
	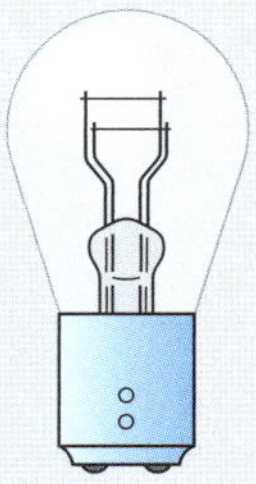	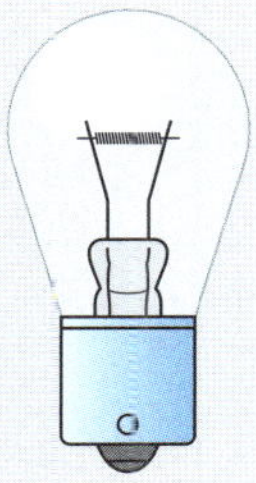	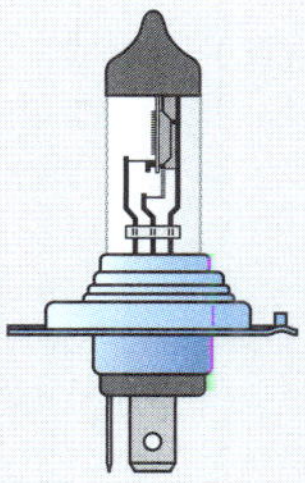	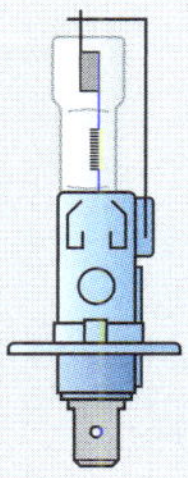	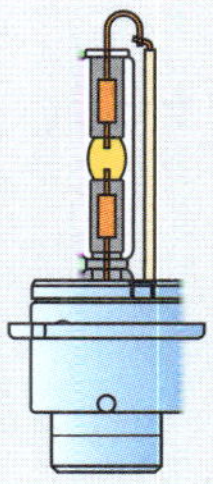
Type de lampe selon DIN	(deux fils)	(un fil)	(deux fils)	(un fil)	
Utilisation pour					

5.2 Quels avantages présentent les lampes halogènes par rapport aux lampes à fil métallique ?

5.3 Quels avantages présentent les lampes à décharge par rapport aux lampes halogènes ?

5.4 Un phare avec lampe à décharge ne fonctionne pas. Nommez 3 causes possibles.

6. Systèmes de phares

6.1 Complétez le tableau.

Construction du phare	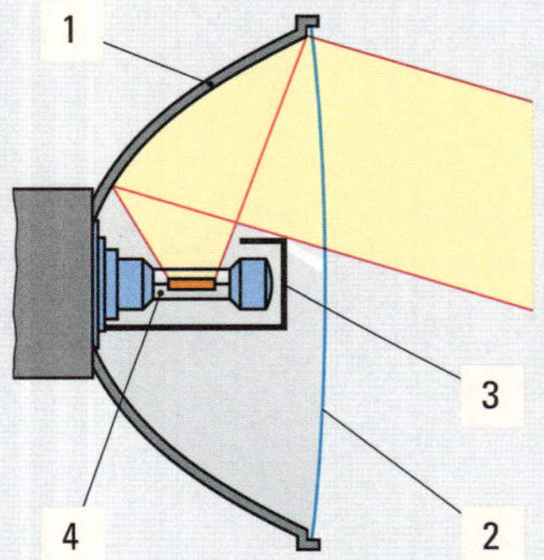	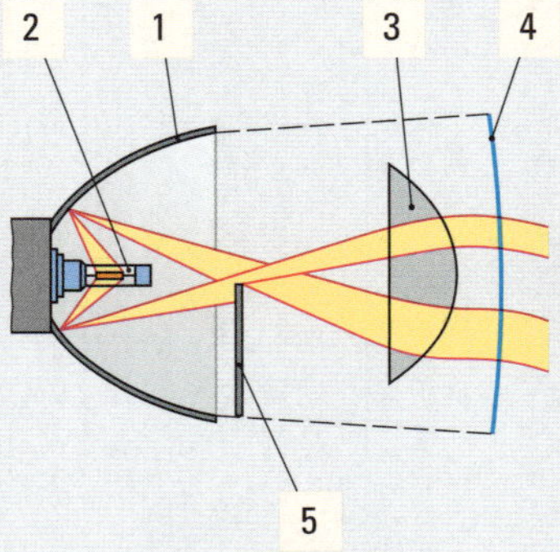	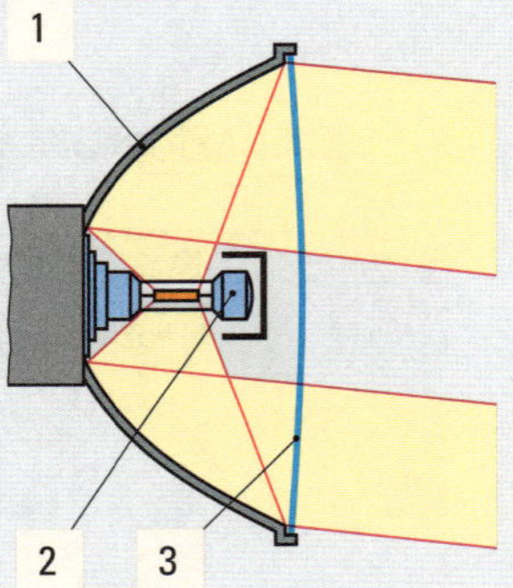
Composants	1 **Réflecteur** 2 3 4	1 **Réflecteur** 2 3 4 5	1 **Réflecteur** 2 3
Lampes			
Utilisation comme			
Particularités	**Formes particulières :**	**Formes particulières :**	**Caractéristiques :**

EUROPA LEHRMITTEL	Électrotechnique Éclairage et signalisation Schéma de connexions — Feuille 1	Nom :		
		Classe :	Date :	Feuille N° :

1. Dans le schéma de connexions, marquez de différentes couleurs les pièces et fils pour
- L'équipement de sécurité brouillard
- Clignotant pour indiquer la direction avec warning
- Les feux de position et arrière
- Les feux de recul
- Les appels de phare

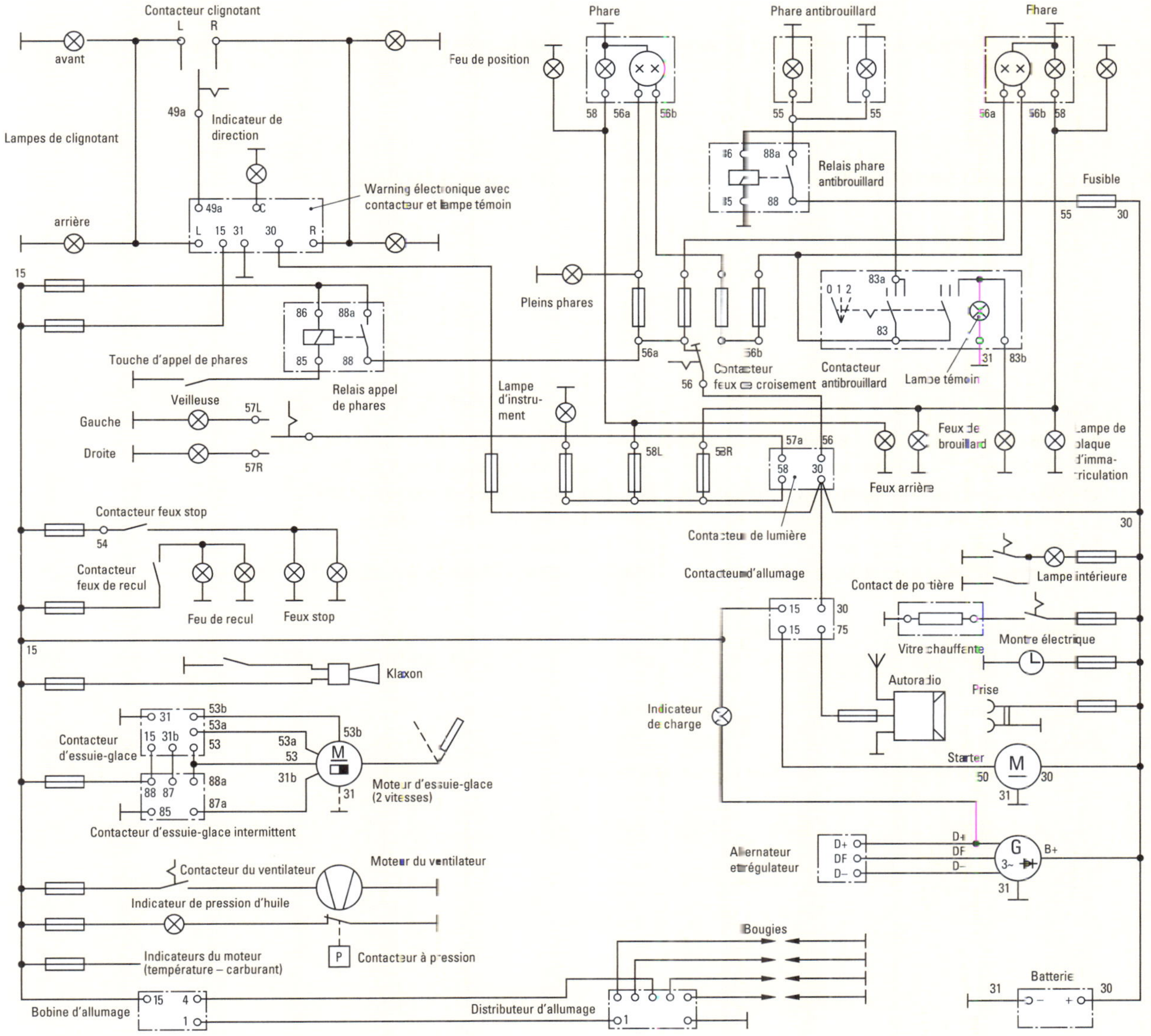

2. Quelles désignations de bornes normalisées sont valables pour les composants suivants ?

______ Moins de la batterie	______ Borne d'entrée de la commande du starter
______ Plus de la batterie	______ Borne de sortie pour les feux de croisement
______ Borne pour la radio	______ Borne pour les phares antibrouillard
______ Borne pour les feux stop	______ Borne de sortie pour les pleins phares
______ Borne pour les phares	______ Borne de sortie pour le contacteur d'allumage
______ Borne pour les veilleuses	______ Borne pour les feux arrière et la plaque d'immatriculation

30

15

3. Dans le schéma de connexions, en indiquant les fusibles correspondants, dessinez :

3.1 l'équipement de feux stop de sorte que les lampes puissent être allumées lorsque la clé de contact est retirée.

3.2 le klaxon pour qu'il ne fonctionne que lorsque le contact est mis.

31

4. **Dans quelle condition de montage sont allumés les phares antibrouillard qui sont montés selon le schéma de connexions (Cf. Feuille 1), lumière éteinte ?**

5. **Pour quelle distance latérale des phares antibrouillard ce montage est-il obligatoire selon le schéma de connexions (Cf. Feuille 1) ?**

6. **Quels appareils sont désignés par les lettres suivantes dans les schémas de connexions ?**

E ______ F ______

K ______ M ______

G ______ R ______

S ______ X ______

7. **Inscrivez les désignations des appareils indiqués dans le schéma de connexions de la page 85.**

E3 Phare pour plein phare à gauche | E4 Phare pour plein phare à droite
E5 Phare pour feux de route à gauche | E6 Phare pour feux de route à droite
E7 Phare antibrouillard à gauche | E8 Phare antibrouillard à droite
E1 Feu de position à gauche | E2 Feu de position à droite
E9 Phare antibrouillard arrière gauche | E10 Feu antibrouillard arrière droit

8. **Complétez les symboles et désignations :**

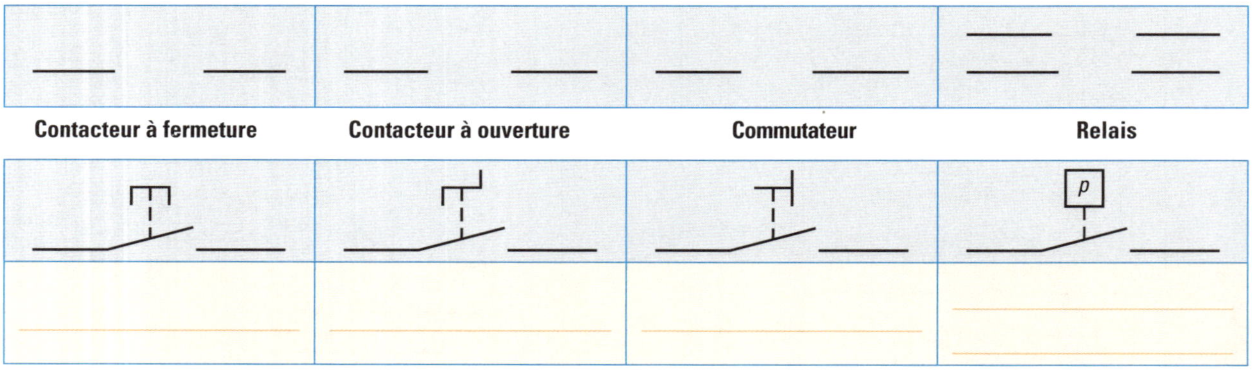

9. **Dans le schéma de connexions de la plage 85, nommez les appareils marqués et affectez aux fusibles les marques correspondantes.**

S1 ______ K1 ______

S2 ______ F2 ______

S3 ______ F5 ______

10. **Expliquez les détails du symbole de contacteur représenté.**

10.1 **Pour les positions de contacteur, indiquez à chaque fois la tension en présence.**

		Position de contact		
		0	1	2
Borne	30			
	15			
	50			

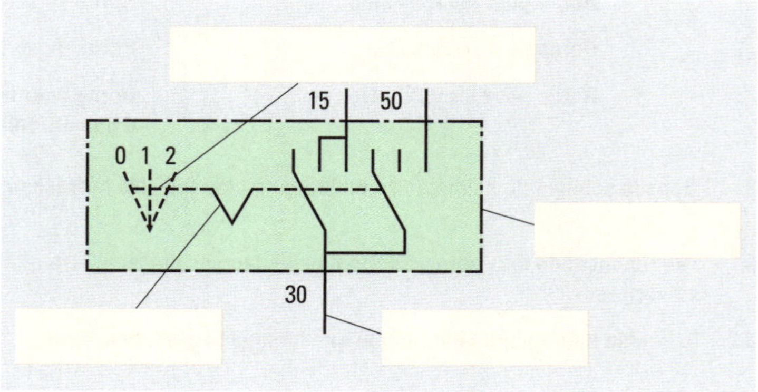

Électrotechnique

Éclairage et signalisation

Schéma de connexions — Feuille 3

Nom :

Classe : | Date : | Feuille N° :

11. Complétez en couleur le schéma de connexions pour une installation de phares antibrouillard avec une distance latérale des phares antibrouillard de moins de 400 mm. Les phares antibrouillard doivent être commutables lorsque les feux de position sont allumés et doivent s'éteindre automatiquement lorsque les pleins phares sont allumés.

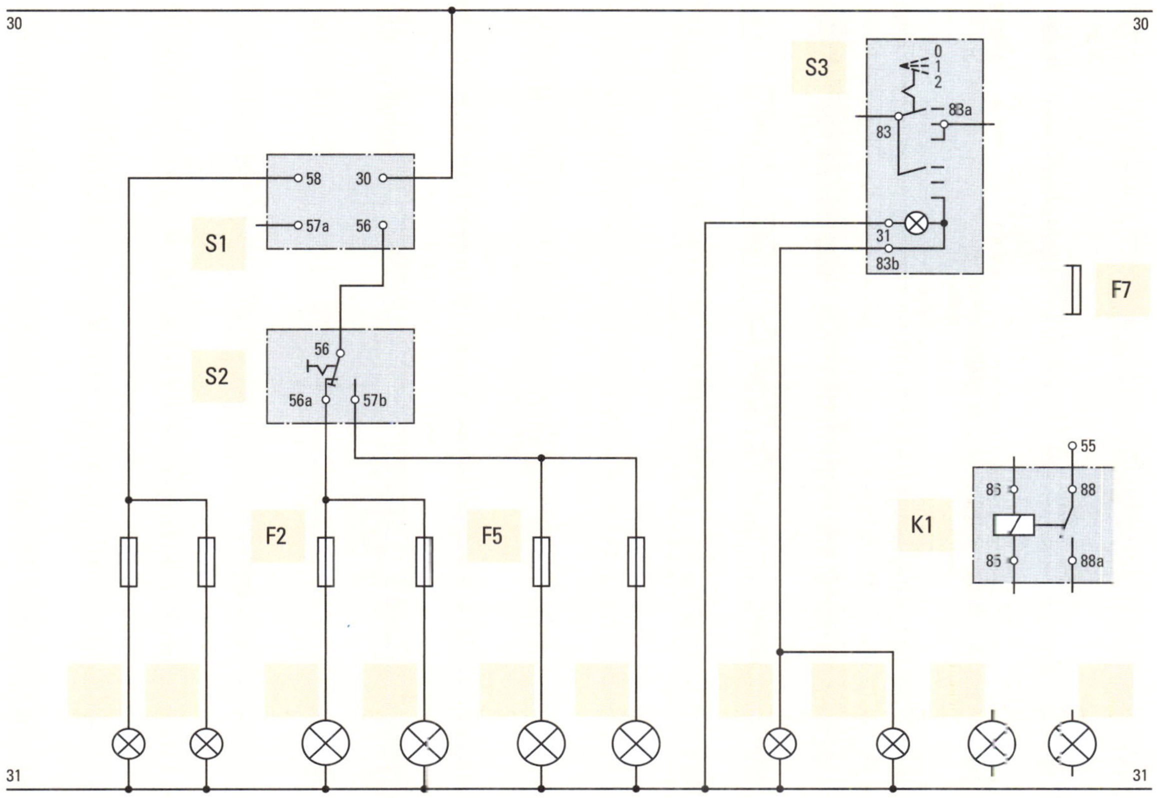

12. Les feux antibrouillard représentés dans le schéma de connexions fonctionnent par le biais d'un circuit électrique à relais.

12.1 Marquez de bleu le circuit électrique de commande de K1.

12.2 Marquez de rouge le circuit électrique de travail de K1.

12.3 Quels avantages essentiels offre ce montage à relais ?

13. Quel effet a un fusible défectueux F7 sur le fonctionnement des phares antibrouillard ?

14. Quel effet a un fusible défectueux F7 sur le fonctionnement des phares antibrouillard arrière ?

15. Pourquoi les phares antibrouillard s'éteignent automatiquement quand on allume les pleins phares ?

Nom :		
Classe :	Date :	Feuille N° :

Électrotechnique

Éclairage et signalisation

Schéma de connexions — Feuille 4

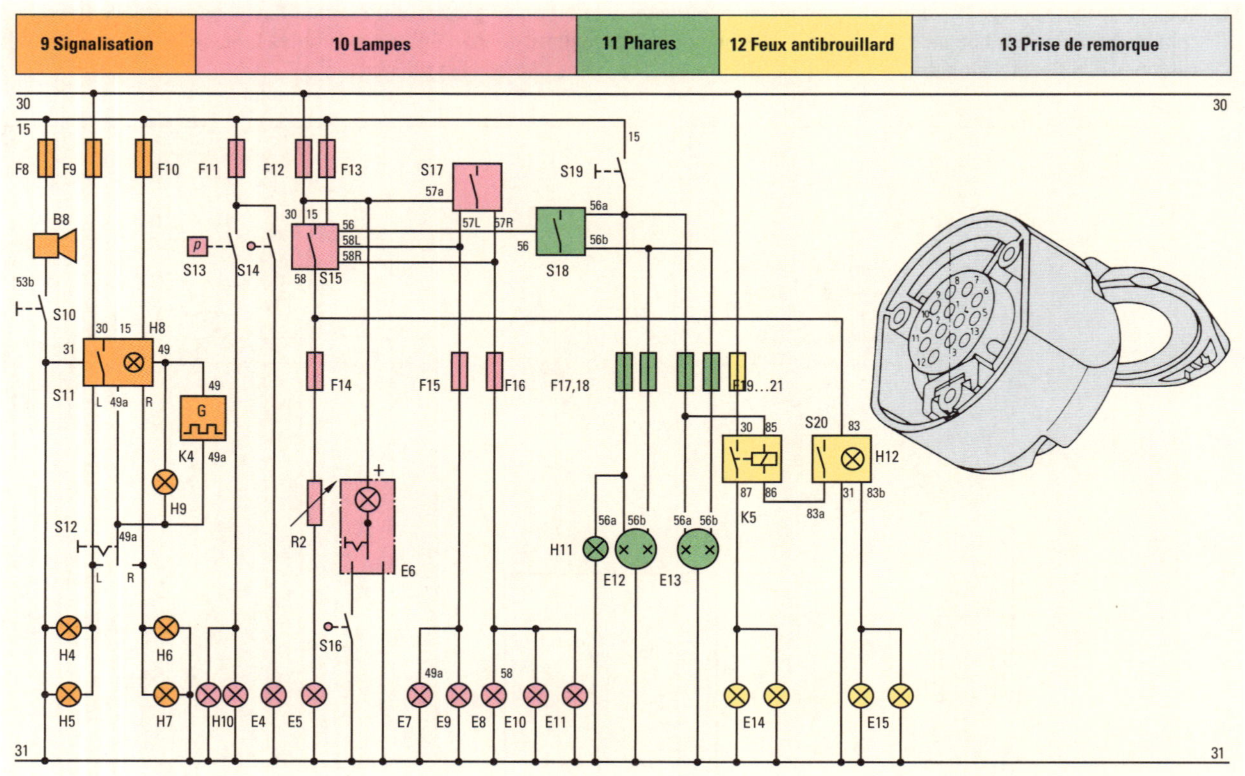

15. Affectez aux désignations d'appareils ci-dessous les désignations d'appareil se trouvant dans le schéma de connexions.

	Touche de klaxon		Klaxon		Touche appel de phares		Contacteur warning
	Commande clignotant		Clignotant ArG		Clignotant AvD		Lampe témoin clignotant
	Feux stop		Contacteur de feux stop		Contacteur d'éclairage		Contacteur feux de croisement
	Lampe témoin de pleins phares		Feux arrière ArD		Feux de position AvG		Feux antibrouillard arrière

16. Dans le schéma de connexions, marquez le montage pour les veilleuses.

17. Nommez les désignations d'appareil du schéma de connexions appartenant à l'éclairage intérieur du véhicule.

18. Expliquez l'appareil désigné par « R2 » dans le schéma de connexions.

19. Dans le schéma de connexions selon l'occupation des bornes ci-dessous, raccordez sur une prise de remorque à 13 pôles (selon DIN 72 570) le courant permanent à travers un fusible séparé (F22), les feux stop et les phares de recul pour remorque.

1 Indicateur de direction, gauche

2 Feux antibrouillard arrière

3 Masse pour les contacts du circuit électrique 1...8

4 Indicateur de direction, droite

5 Feux arrière, de position et de gabarit, droite

7 Feux stop

8 Feux arrière, de position et de gabarit, gauche

9 Phare de recul et/ou dispositif de recul pour frein à glissement de remorque

10 Alimentation électrique (plus permanent)

11 Conduite de charge Plus pour la batterie dans la remorque

12 Pas encore attribué

13 Pas encore attribué

14 Masse pour les contacts du circuit électrique 9...12

Dessin technique

Écriture normalisée, type de lignes

Nom :

Classe : | Date : | Feuille N° :

Écriture normalisée

Écriture verticale — suivant DIN 6776

ABCDEFGHIJKLMNOPQRSTUVWXYZ ÄÖÜ

aabcdefghijklmnopqrstuvwxyz äaöüßø□

12345677890 IVX[(!?:;'-=+ ×·:√ %&)]

1. Recopiez les lettres représentées en respectant la norme.

T	
L	
H	
V	
e	
3	
8	
g	

X	
z	
b	
p	
ä	
M	
f	
DIN	

2. Inscrivez votre nom et votre adresse complète en écriture normalisée.

Type de lignes

3. Quels types de lignes sont utilisés dans le dessin ? Donnez un exemple d'application de chaque.

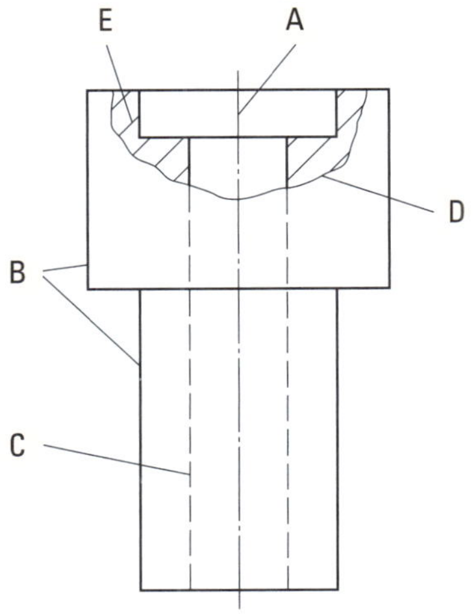

A

B

C

D

E

Dessin technique
Type de lignes, représentation graphique

Nom :		
Classe :	Date :	Feuille N° :

Types de lignes

1. **Complétez les lignes dessinées pour réaliser des rectangles. Attention aux épaisseurs de ligne. Hachurez le rectangle du centre.**

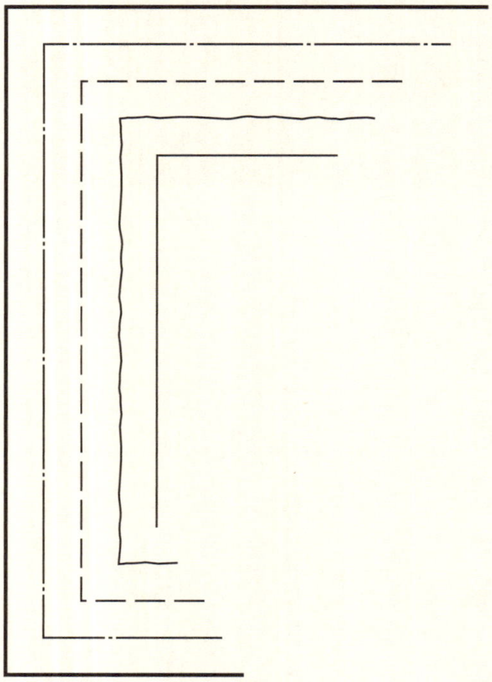

Représentations graphiques

2. **Affectez les désignations suivantes aux types de représentations.**

Plan coté, schéma, schéma de connexions, histogramme, image en 3 dimensions, image fantôme, diagramme circulaire, demi-coupe, diagramme linéaire.

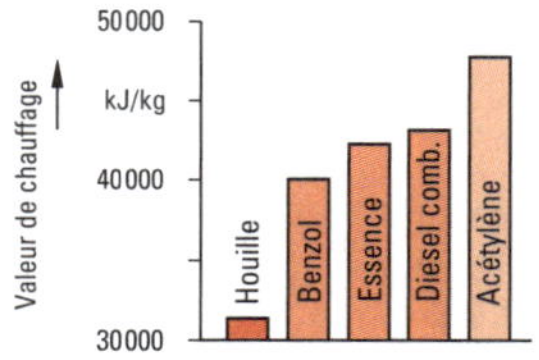

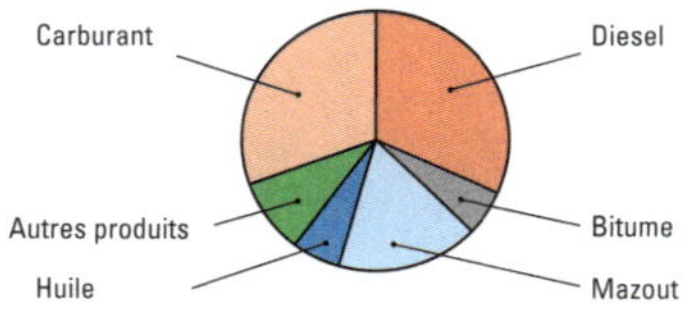

Produits pétroliers

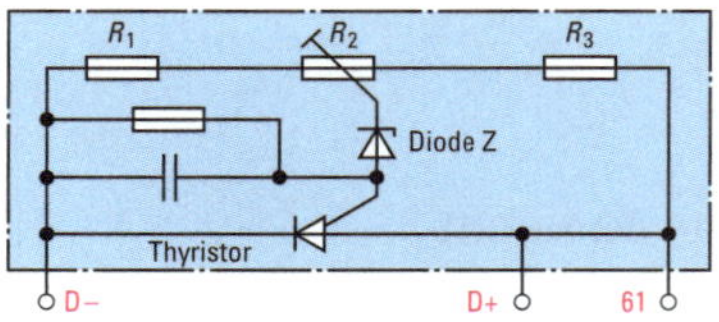

Disjoncteur de surtension

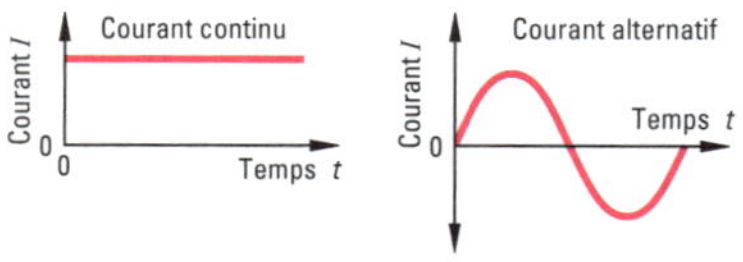

Déroulement dans le temps du courant continu et alternatif

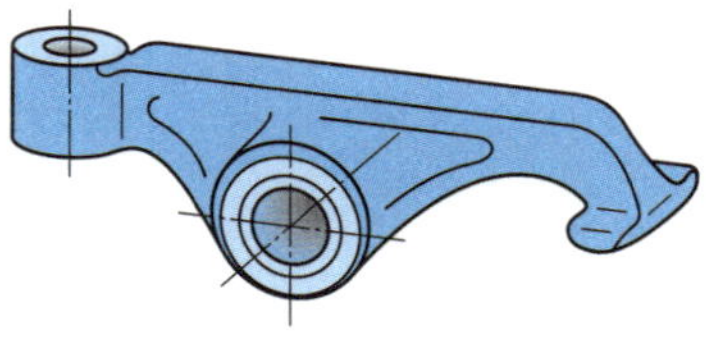

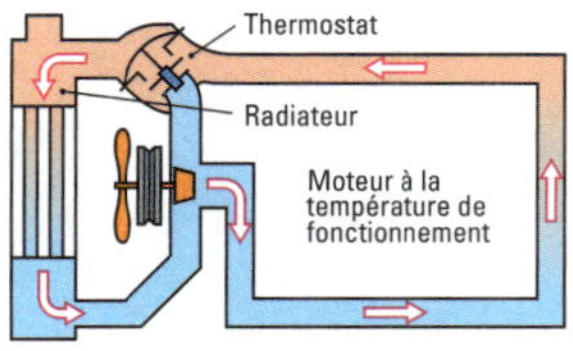

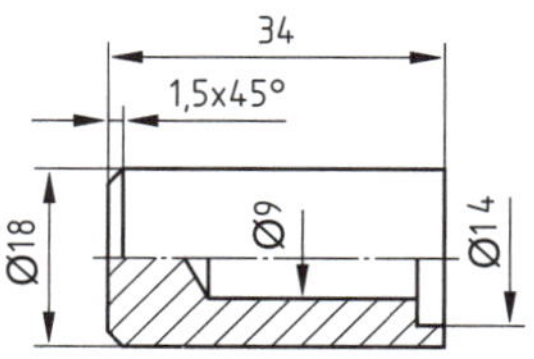

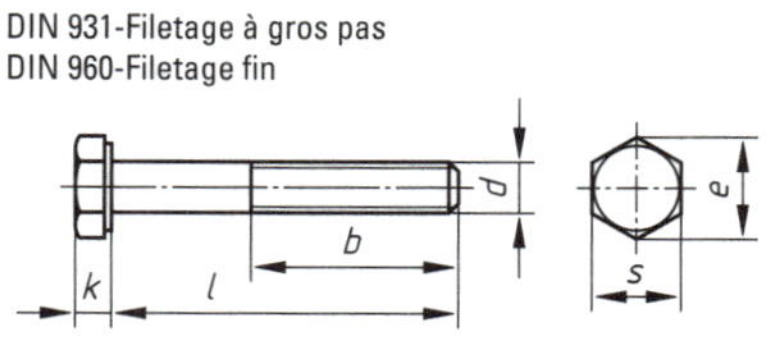

1. **Complétez les désignations des axes. Transcrivez les valeurs de mesure dans le diagramme et dessinez les lignes de différentes couleurs. Quelle caractéristique a la ligne de référence linéaire ?**

	*F* in N	0	500	1 000	1 500	2000
	s in m	0	0,05	0,10	0,15	0,20
	*F* in N	0	250	750	1 250	2 250
	s in m	0	0,05	0,10	0,15	0,20

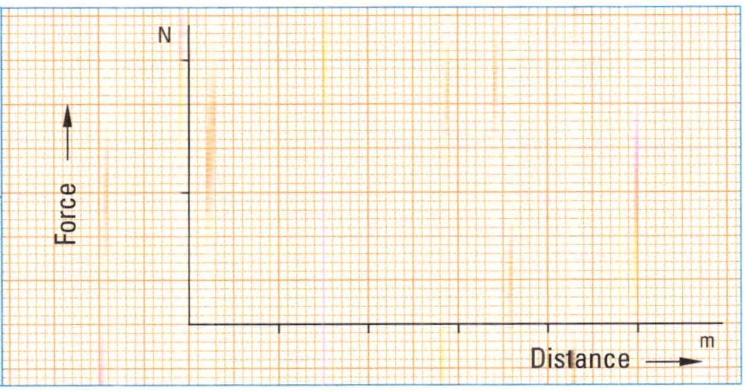

Ligne de référence linéaire :

2. **Transformez les résultats de mesure du contrôle des compressions en un histogramme. Pour la hauteur des barres, choisissez comme échelle 4 bar = 1,0 cm, largeur de barre 1 cm.**

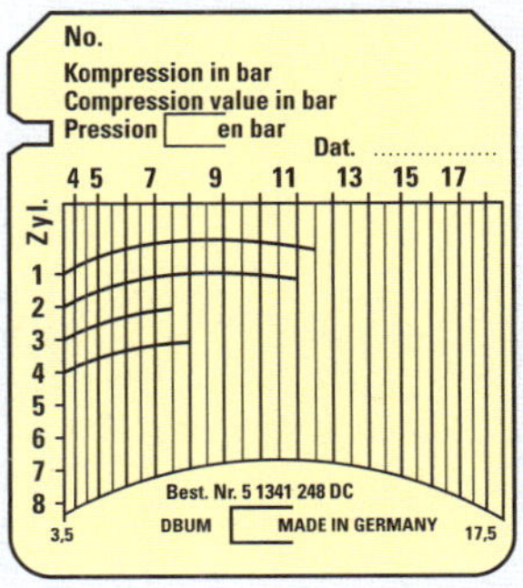

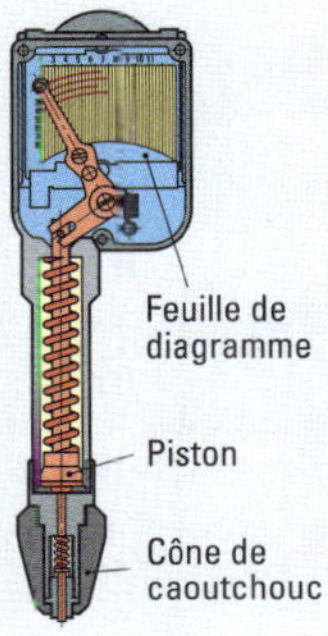

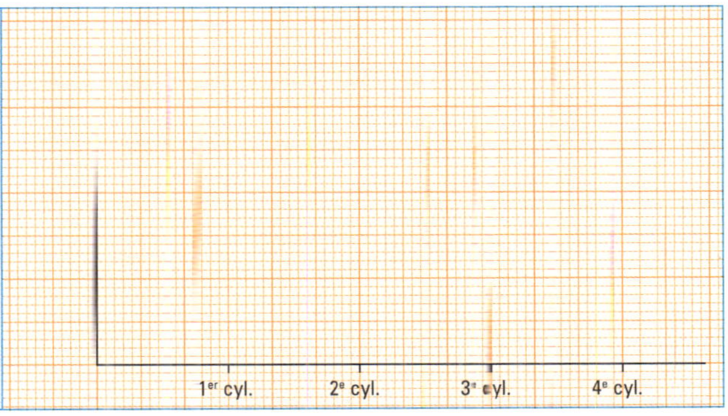

3. **Convertissez les pourcentages en degrés d'angle. Inscrivez les valeurs en couleur dans un diagramme circulaire.**

100 % ≙ 360°		**1% ≙**	
Pertes par les gaz d'échappement % ≙	Pertes par l'eau de refroidissement % ≙	Pertes dues au frottement, au rayonnement % ≙	Puissance utile % ≙

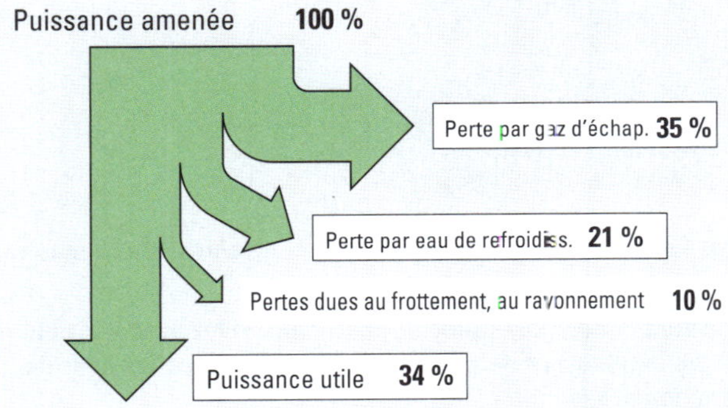

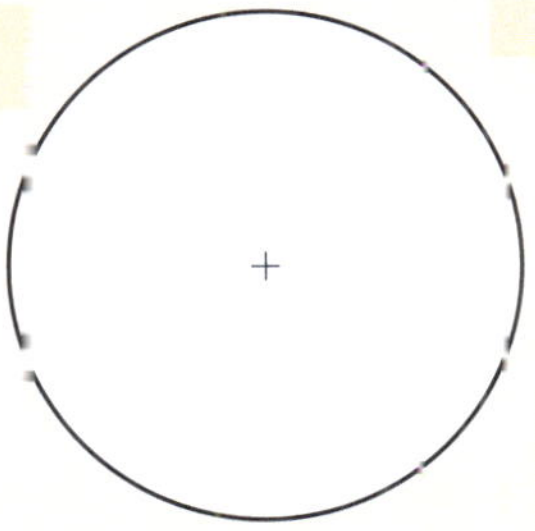

4. **Dans le schéma de connexions hydraulique, complétez les symboles de couplage.**

Dessin schématique	Composant	Symbole de couplage	Schéma de connexions hydraulique
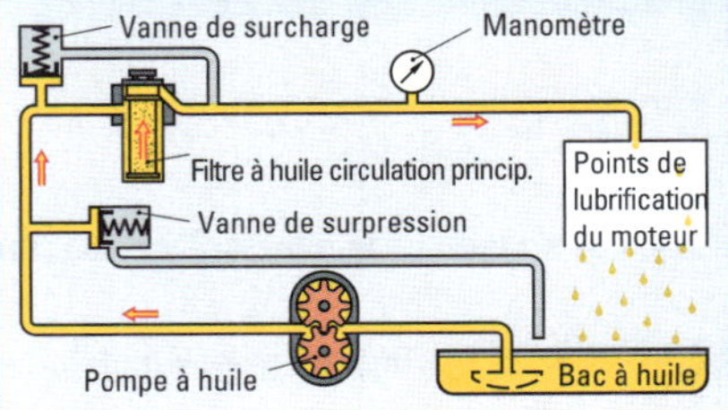	**Pompe à huile**		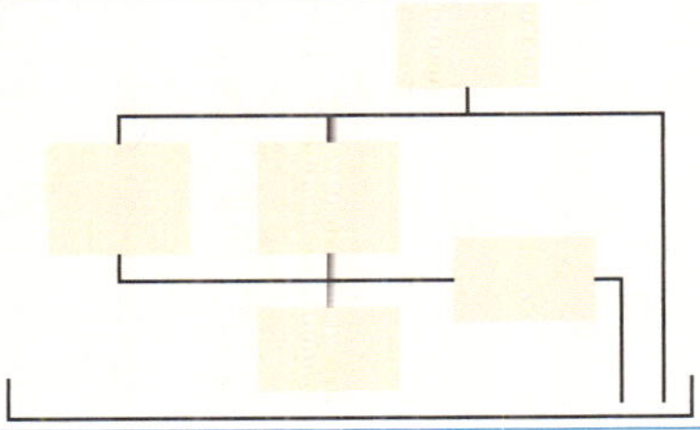
	Vanne de surpression		
	Filtre		
	Manomètre		
	Réservoir		

EUROPA LEHRMITTEL	**Dessin technique** **Représentation en 3 dimensions**	Nom :		
		Classe :	Date :	Feuille N° :

Image en 3 dimensions	Dessin technique
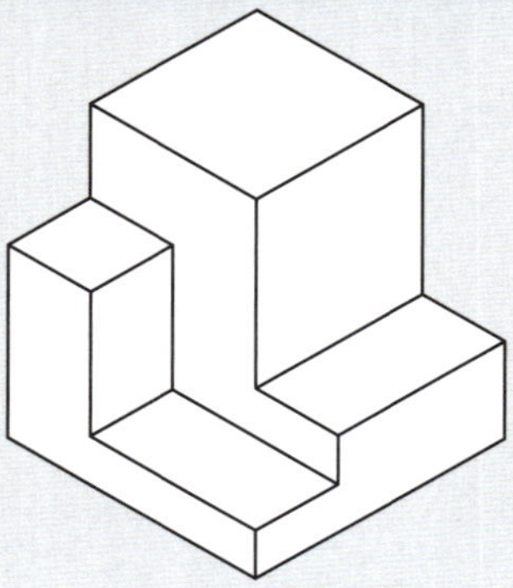	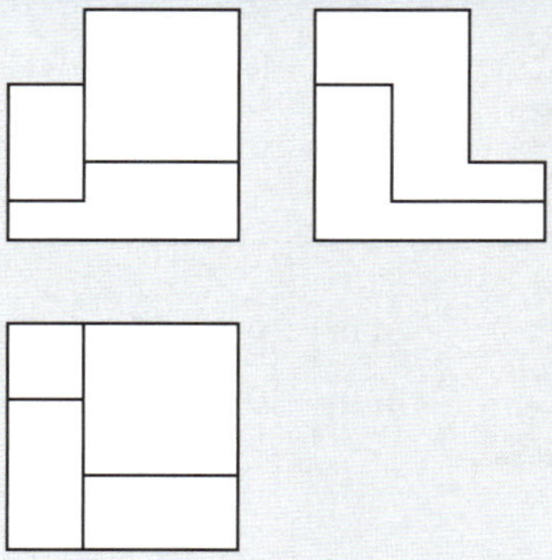

1. **Quel avantage essentiel ont les représentations en trois dimensions par rapport aux dessins techniques ?**

2. **En utilisant la même couleur, colorez les surfaces dans l'image en 3 dimensions et les surfaces correspondantes dans le dessin technique.**

3. **Complétez le tableau.**

Isométrie	Dimétrie
Dans cette représentation, l'essentiel est montré en trois vues identiques.	L'essentiel est montré en mettant la face en avant.
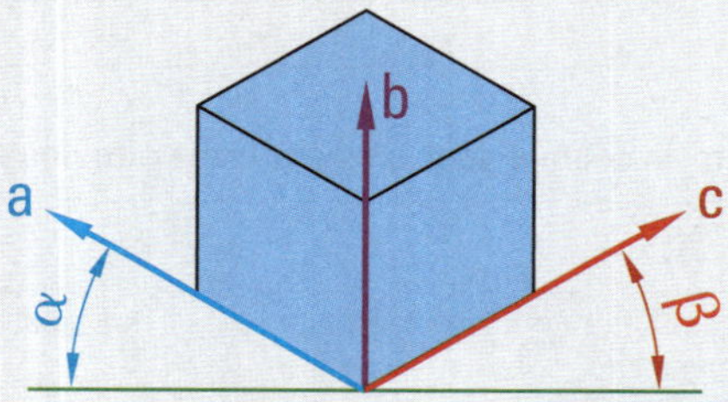	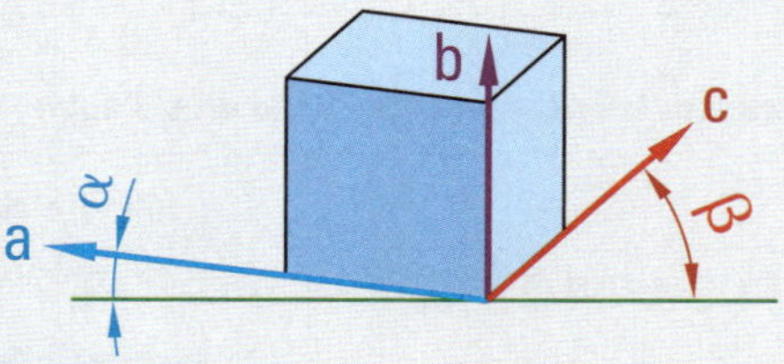

Isométrie		Dimétrie
	Angle d'axe α en degré	
	Angle d'axe β en degré	
	Rapport des côtés : hauteur : profondeur ***a* : *b* : *c***	

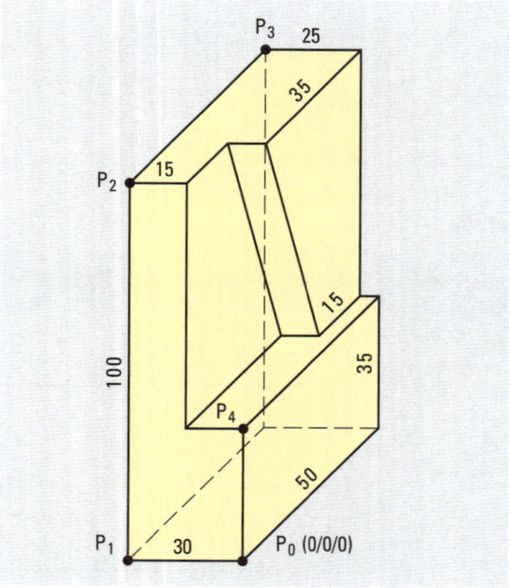

4. **Mesurez l'angle d'axe et indiquez le rapport de côtés des images en trois dimensions.**

5. **Au point zéro P_0 de l'illustration ci-contre, inscrivez avec des couleurs différentes la ligne de référence horizontale ainsi que les axes de de projection a, b, c.**

6. **Chaque point d'angle du corps peut être indiqué par ses coordonnées en mm dans les orientations d'axe a, b et c, en se référant au point P_0. Complétez le tableau.**

Point P_n (a/b/c)	Point P_n (a/b/c)
P_1 ( )	P_3 ( )
P_2 ( )	P_4 ( )

7. **Dessinez le corps à l'échelle 1,5 : 1 en isométrie avec arêtes invisibles.**

8. **Dessinez le corps à l'échelle 1,5 : 1 en dimétrie avec arêtes invisibles.**

EUROPA LEHRMITTEL

Dessin technique

Vues selon la norme DIN 6 **Feuille 1**

Nom :		
Classe :	Date :	Feuille N° :

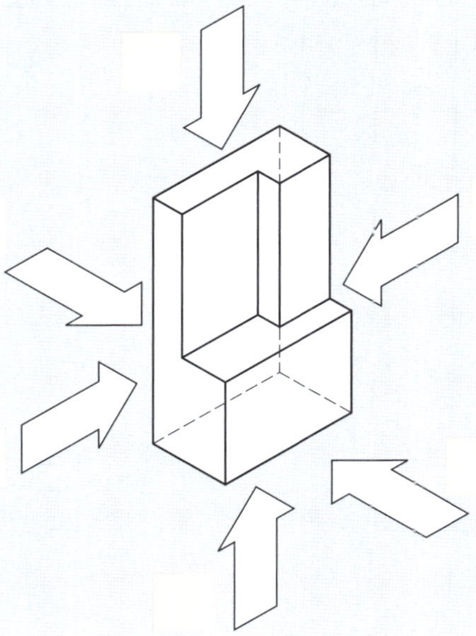

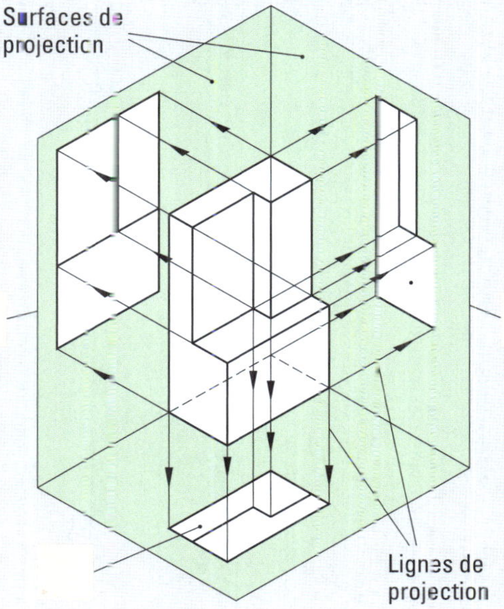

1. **Dans les images en 3 dimensions, affectez les bons chiffres aux vues :**
   - **1 Vue de face** — **2 Vue de côté gauche** — **3 Vue de dessus**
   - **4 Vue de dessous** — **5 Vue de côté droit** — **6 Vue de dos**

2. **Dans les images en 3 dimensions, colorez la vue de face, la vue de côté gauche et la vue de dessus.**

3. **Avec la même couleur, marquez les trois vues (projections) sur les surfaces de projection.**

4. **Dans le tableau, affectez aux explications les termes vue de dessus, vue de face, vue de côté gauche.**

Termes	Explications
	Vue avec laquelle la forme de la pièce se reconnaît le mieux, ou bien la position dans laquelle elle est fabriquée, p. ex. pour les pièces tournées. Lorsqu'elle est fixée, toutes les autres vues en résultent.
	Vue se trouvant exactement à droite près de la vue de face et montrant toutes les surfaces et les arêtes sur le côté gauche de la pièce.
	Vue se trouvant exactement sous la vue de face et montrant toutes les surfaces et arêtes sur le dessus de la pièce.

5. **Dans le dessin ci-contre, complétez la vue de côté gauche et la vue de dessus.**

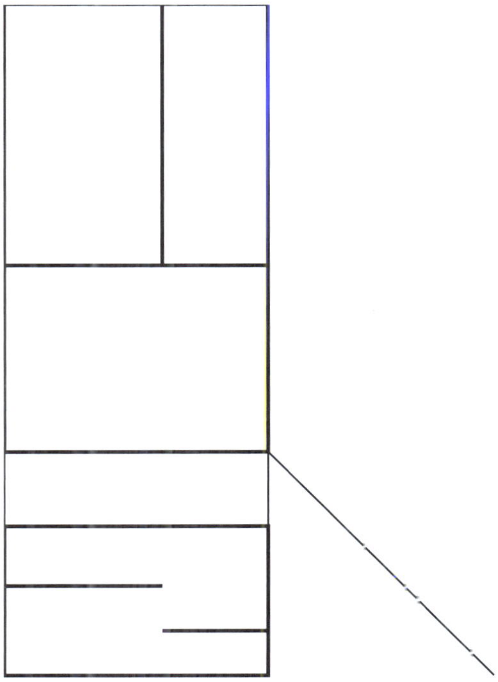

Remarques pour le dessin

- **Pour toutes les vues, l'observateur regarde verticalement vers la pièce depuis chaque côté.**
- **La vue de face et les vues latérales sont de même hauteur et se situent côte à côte.**
- **La vue de face et la vue de dessus sont de même largeur et se trouvent l'une en dessous de l'autre.**
- **Les vues latérales et la vue de dessus sont de même épaisseur.**
- **Les distances entre les vues doivent être identiques. Ceci peut être obtenu à l'aide d'une ligne à 45° qui commence dans l'angle droit inférieur de la vue de face. Elle permet de se faire refléter les arêtes du corps.**

6. **Pour le corps parallélépipédique ci-dessous, dessinez la vue de face, la vue de côté gauche et la vue de dessus.**

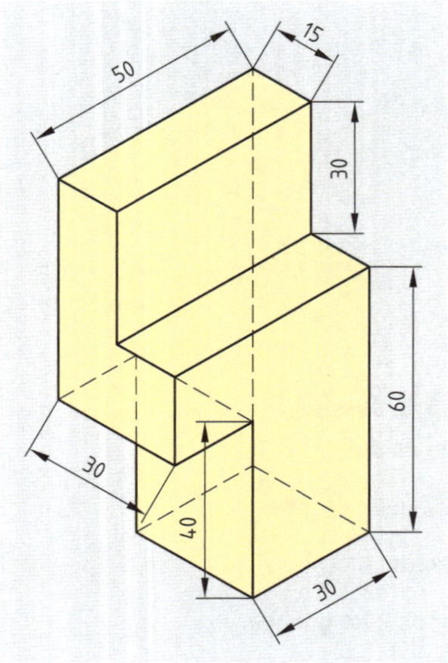

7. **Dessinez chacune des pièces ci-dessous en vue de face, vue de côté gauche et en vue de dessus à l'échelle 1:1 sur une feuille séparée.**

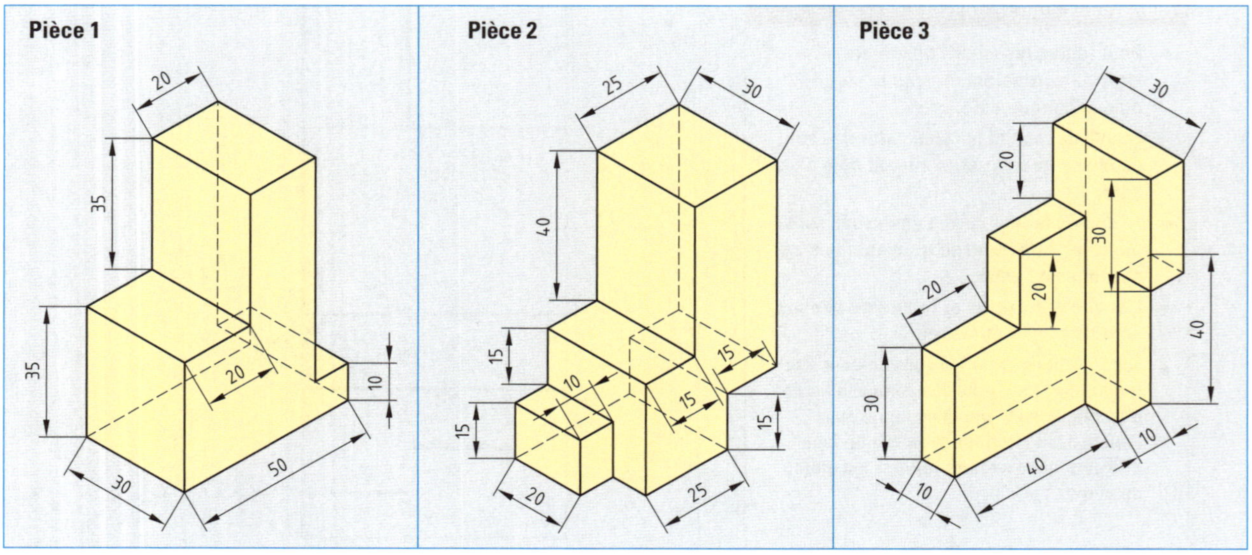

EUROPA LEHRMITTEL

Dessin technique

Échelles, cotation

Feuille 1

Nom :		
Classe :	Date :	Feuille N° :

Échelles

L'échelle définit le rapport de grandeur entre le dessin et la pièce.

1. **Quelles échelles sont courantes ? Complétez le tableau.**

	Échelle naturelle	Échelle de rétrécissement	Échelle d'agrandissement
Représentation dans le dessin	La représentation sur le dessin est aussi grande que la pièce.	La représentation sur le dessin est plus petite que la pièce	La représentation sur le dessin est plus grande que la pièce
Échelles courantes			
Explication	Un millimètre sur le dessin correspond à ______ mm sur la pièce.	Si, par exemple, l'échelle est 1:2, alors un millimètre sur le dessin correspond à ______ mm sur la pièce.	Si, par exemple, l'échelle est 2:1, alors deux millimètres sur le dessin correspondent à ______ mm sur la pièce.

2. **De quelle taille doit-on dessiner une distance ? Complétez le tableau.**

Distance en mm	E 1:1	E 2:1	E 5:1	E 1:2
10				
5				
100				

3. **Dessinez les surfaces latérales correspondant aux échelles indiquées et mesurez celles-ci.**

E 1:1	E 2:1	E 1:2
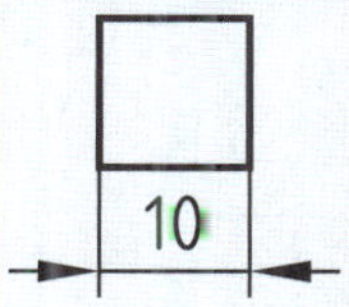		

Remarque :
Dans les dessins on inscrit toujours les cotes naturelles.

Bases de la cotation

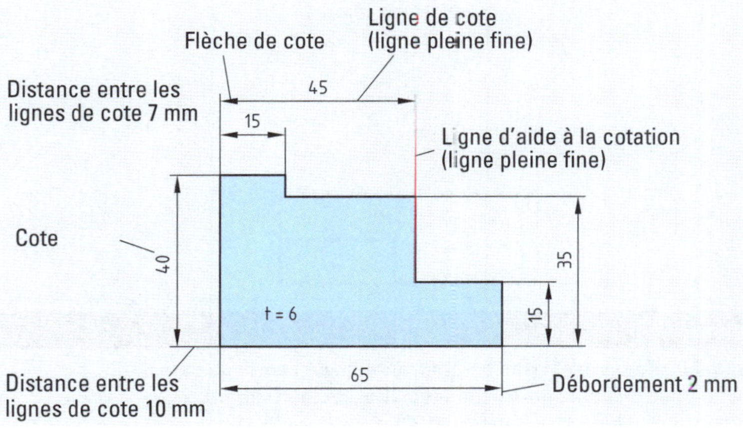

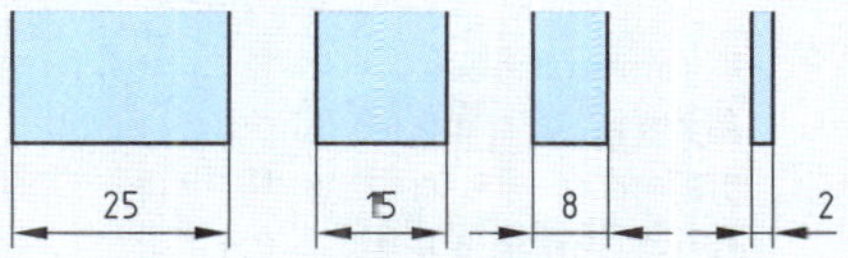

Hinweis:
Pour toutes les cotes de moins de 15 mm, les flèches de cotation s'inscrivent à l'extérieur.

4. **En quelle unité les cotes sont inscrites en principe dans les dessins ?**

5. **Avec quel type de ligne sont représentées les lignes d'aide à la cotation et les lignes de cotation ?**

6. **Quelle distance existe-t-il entre la ligne de cote et l'arête du corps ?**

7. **À quoi faut-il veiller en dessinant les lignes d'aide à la cotation ?**

8. **Dans quelle direction doivent toujours être lues les cotes ?**

EUROPA LEHRMITTEL

Dessin technique
Échelles, cotation

Feuille 2

Nom :		
Classe :	Date :	Feuille N° :

9. **Comment sont inscrites les flèches de cotation et les cotes dans le dessin lorsque, en raison de la forme de la pièce, la place disponible est inférieure à 15 mm ?**

10. **Pour les pièces plates, par exemple des tôles qui ne sont dessinées qu'en vue de face, comment est cotée l'épaisseur ?**

Autres règles de cotation

- Chaque cote n'est inscrite qu'une seule fois dans le dessin.
- La ligne de cote est continue, la cote est inscrite au-dessus.
- Les lignes de cote ne doivent pas se couper.
- Les cotes de base, comme la hauteur totale et la largeur totale, sont toujours inscrites.
- La cotation se fait à partir des arêtes de référence.

Selon la fonction ou la fabrication de la pièce, différentes sortes de cotation peuvent être utilisées, entre autres la cotation par arête de référence.

Cotation par arête de référence

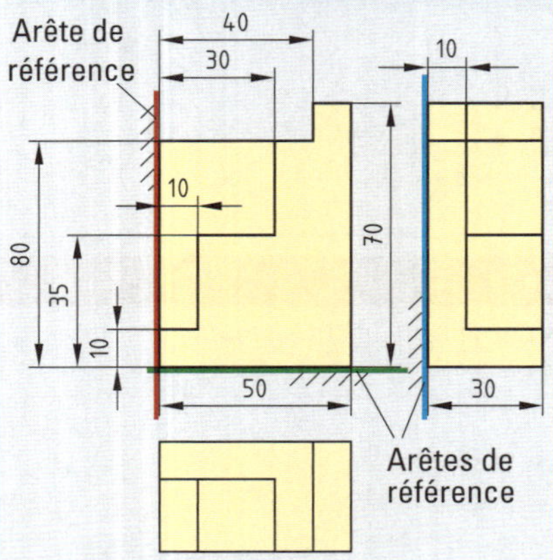

Caractéristiques

Arête de référence 1 : C'est d'elle que partent toutes les largeurs de la pièce.

Arête de référence 2 : C'est d'elle que partent toutes les hauteurs de la pièce.

Arête de référence 3 : C'est d'elle que partent toutes les profondeurs (épaisseurs) de la pièce.

11. Cotez la pièce représentée.

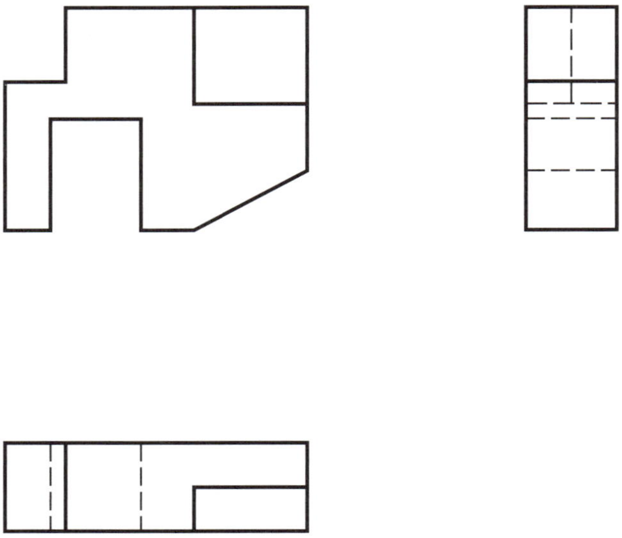

Cotation de pièces symétriques, pièces tournées

Les pièces symétriques ont une ligne médiane. Elle dépasse environ de 2 mm au-delà de l'arête du corps.
Les pièces tournées ont, en règle générale, une ligne médiane horizontale (position de fabrication).
Les diamètres de la pièce tournée sont marqués du symbole du diamètre (ø).

Cotation d'une pièce tournée

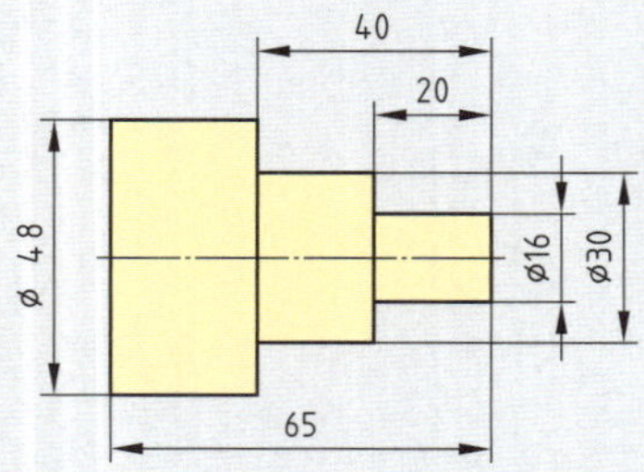

12. Cotez la pièce tournée représentée prête à être fabriquée.

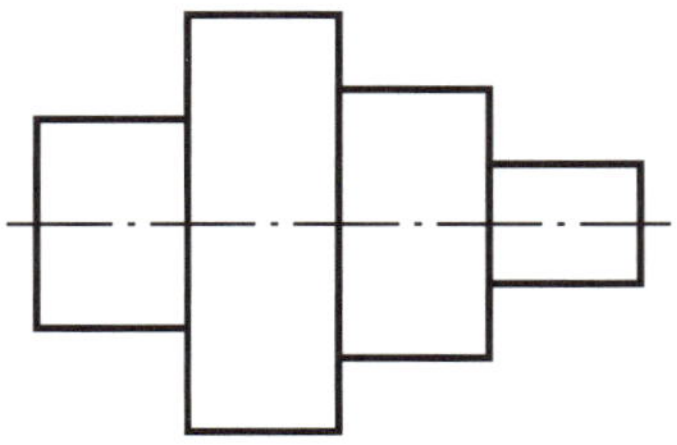

Effectuez les exercices suivants

13. Dessinez le corps dans la vue de face, de dessus et de côté gauche sur une feuille séparée. Cotez le dessin prêt à la fabrication.

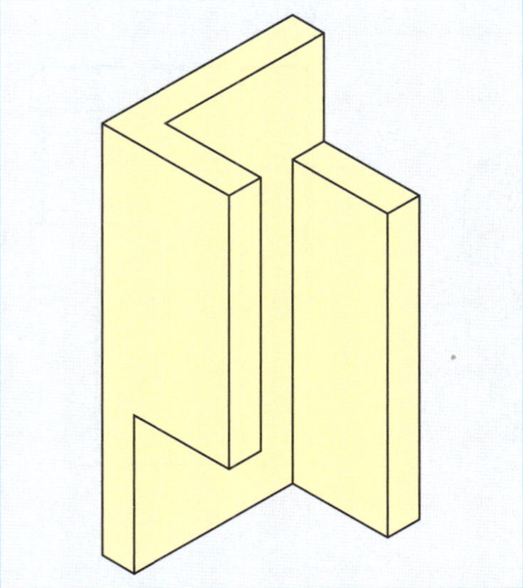

14. Cotez les vues du corps prêt à la fabrication et dessinez le corps en représentation isométrique à l'échelle 1 : 1 sur une feuille séparée.

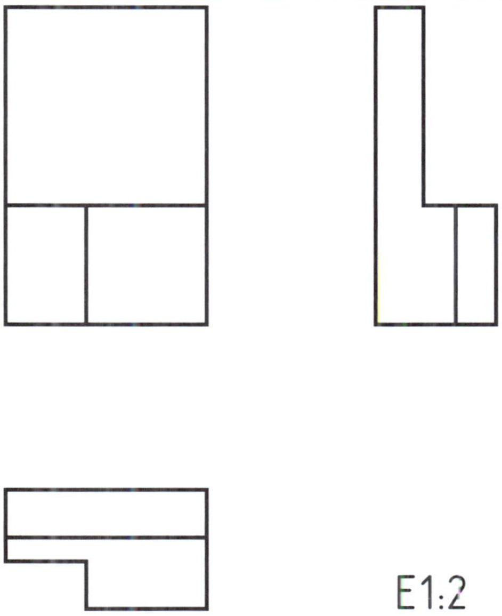

E1:2

15. Avec quel type de ligne sont dessinées les lignes de cotes et les lignes d'aide à la cotation ?

- ☐ a) Lignes continues épaisses
- ☐ b) Lignes continues fines
- ☐ c) Pointillé épais
- ☐ d) Lignes à traits mixtes fins

16. Avec quel type de ligne sont dessinées les arêtes invisibles ?

- ☐ a) Lignes continues épaisses
- ☐ b) Pointillés
- ☐ c) Pointillé fins
- ☐ d) Lignes à traits mixtes fins

17. Quelle réponse est exacte ?

- ☐ a) Les cotes peuvent être séparées par des lignes
- ☐ b) Les lignes d'aide à la cotation dépassent de la ligne de cote de 1 à 2 mm
- ☐ c) Les lignes de cotation peuvent être interrompues
- ☐ d) La cote est toujours sous la ligne de cotation

18. Quelle réponse concernant les lignes médianes est juste ?

- ☐ a) Elles commencent et finissent exactement avec la vue
- ☐ b) Elles peuvent être utilisées comme lignes de cotation
- ☐ c) Ce sont des lignes mixtes épaisses
- ☐ d) Elles sont dessinées sur les pièces symétriques

19. Combien d'erreurs contient ce dessin ?

- ☐ a) aucune erreur
- ☐ b) une erreur
- ☐ c) deux erreurs
- ☐ d) trois erreurs

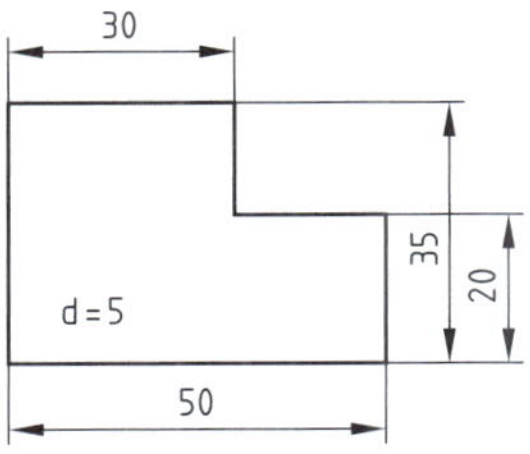

20. Comment s'appelle le type de cotation dans l'illustration ?

- ☐ a) Cotation résiduelle
- ☐ b) Cotation d'usinage
- ☐ c) Cotation d'arête de référence
- ☐ d) Cotation adaptée à l'atelier

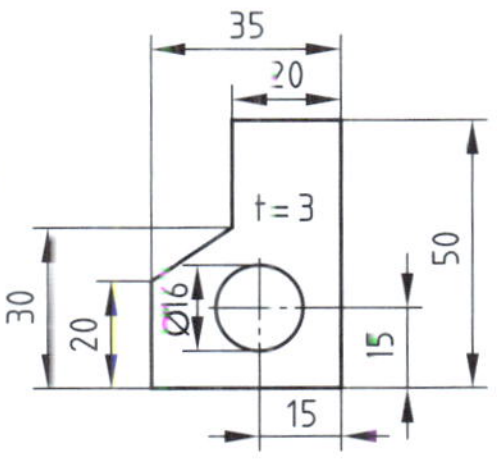

21. Cotez la pièce tournée.

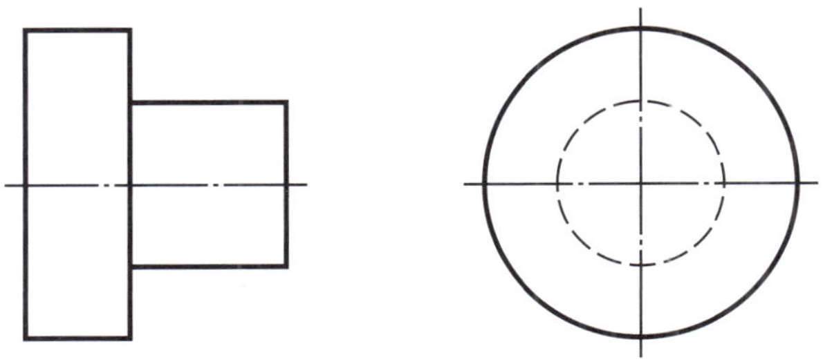

E1:1

22. Cotez la pièce.

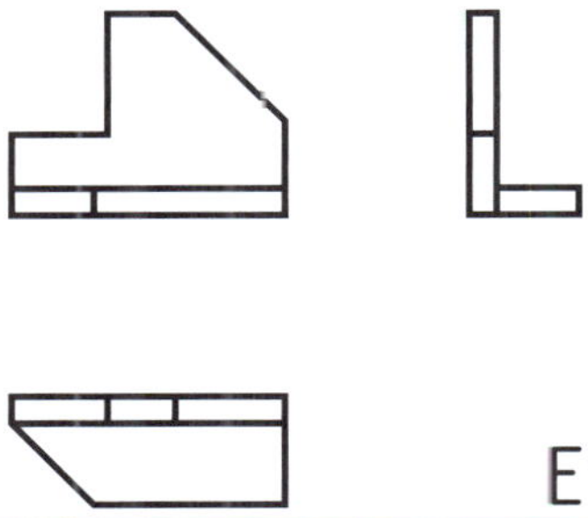

E1:5

EUROPA LEHRMITTEL	**Dessin technique** **Cylindres en coupe** **Formes de représentation**	Nom :		
		Classe :	Date :	Feuille N° :

Cylindre plein en coupe longitudinale	Représentation en coupe d'un cylindre creux
1. Décrivez chaque position des plans de coupe.	1. Nommez les différentes représentations de coupe.
2. Complétez les arêtes de corps manquantes dans les vues.	2. Quelles parties sont supprimées dans la représentation en coupe ?
3. Marquez de couleur les plans de coupe.	3. Hachurez les surfaces coupées.

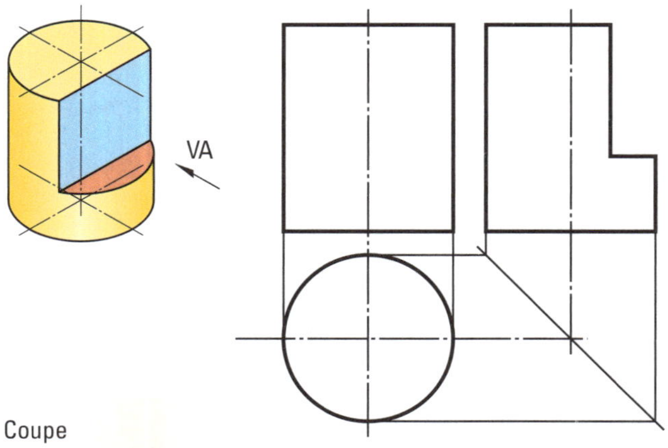

Coupe

du centre du cylindre.

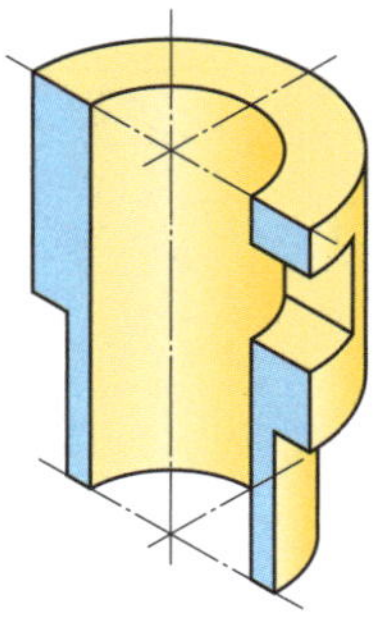

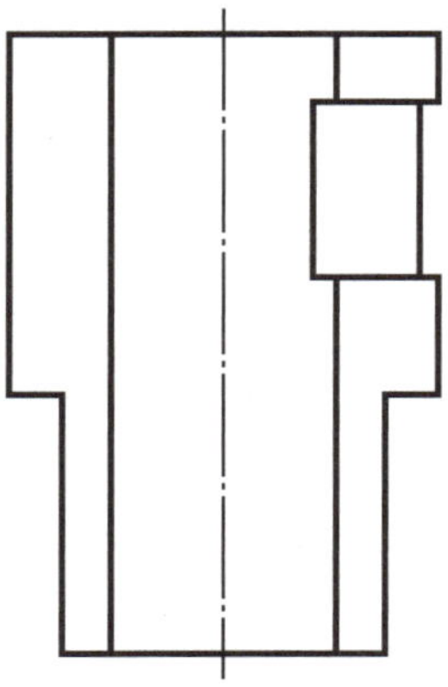

Ce qui est supprimé :

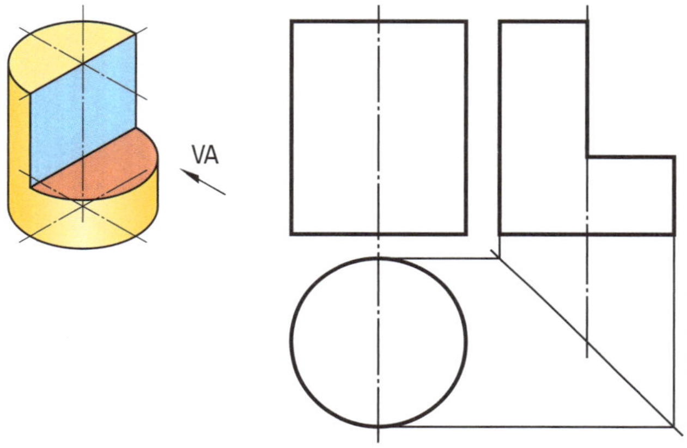

Coupe

du centre du cylindre.

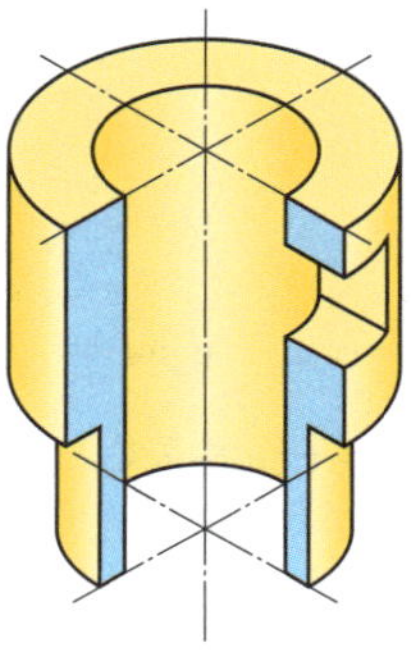

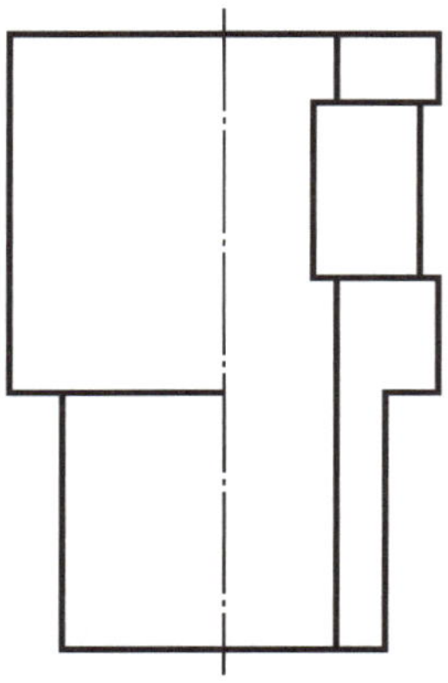

Ce qui est supprimé :

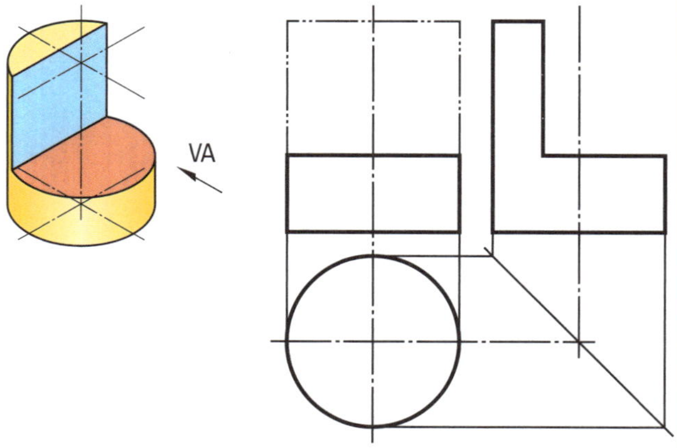

Coupe

du centre du cylindre.

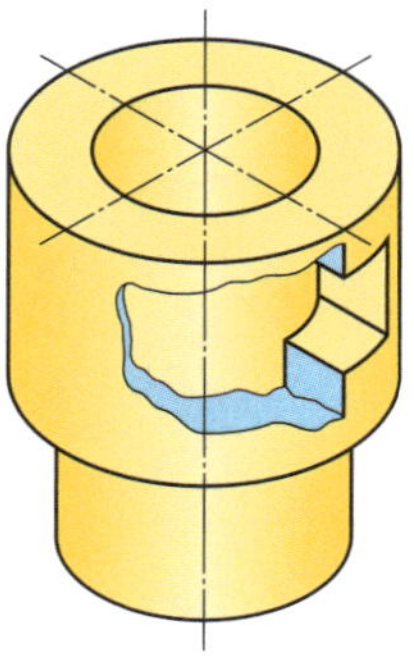

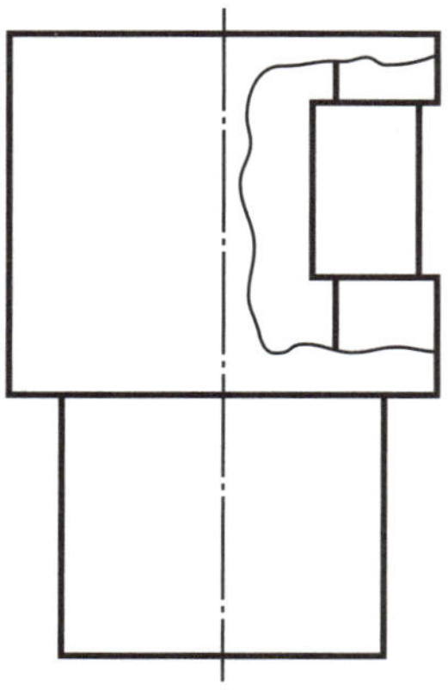

Ce qui est supprimé :

EUROPA LEHRMITTEL	**Dessin technique** **Cylindres en coupe** **Feuille 1**	Nom :		
		Classe :	Date :	Feuille N° :

1. **Marquez la bonne représentation dans le dessin trois-vues.**
2. **Dans le dessin trois-vues correct, marquez les surfaces coupées avec les couleurs imposées.**

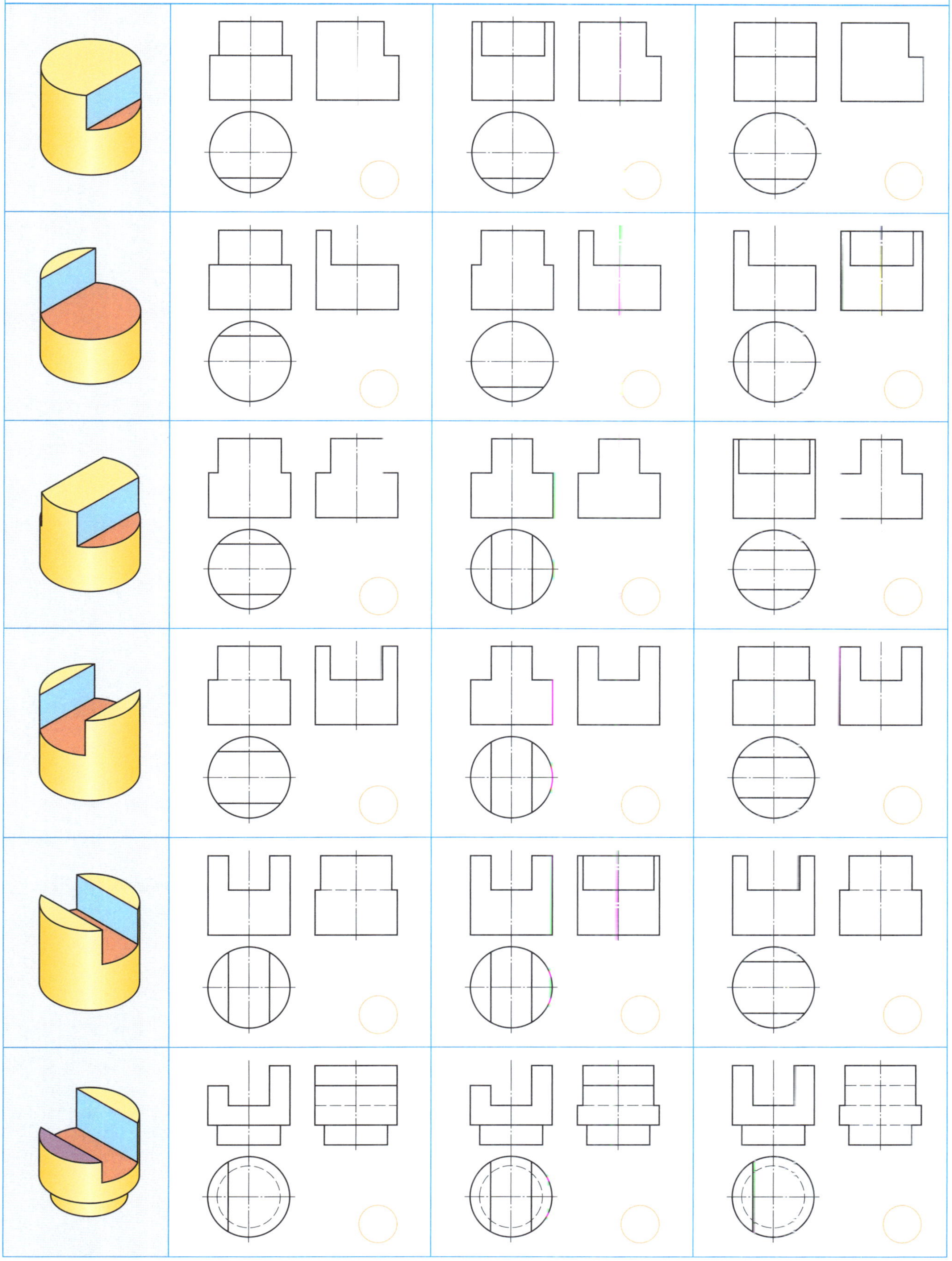

EUROPA LEHRMITTEL	**Dessin technique** **Cylindres en coupe** **Feuille 2**	Nom : Classe : Date : Feuille N° :

Cotes brutes de la pièce : pour tous les cylindres : d **= 50 mm,** h **= 70 mm.**

1. Exercice : Dessinez les trois vues du cylindre représenté.

Cylindre 1

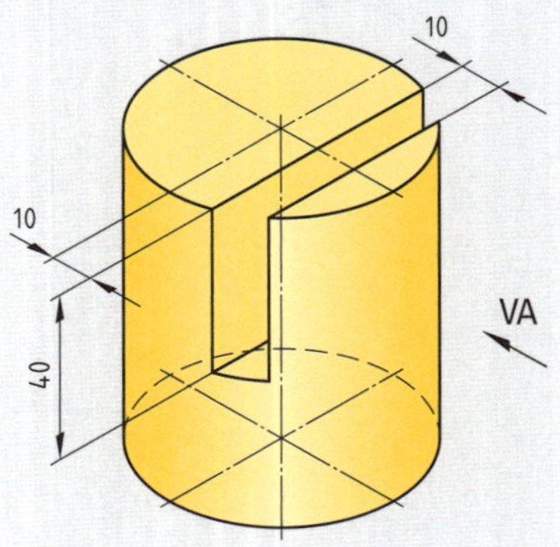

**2. Exercice : Pour les cylindres 2 et 3, utilisez une feuille séparée en format horizontal et partagez-la de telle manière que les deux cylindres puissent être représentés dessin trois-vues.
Dessinez les cylindres.**

Cylindre 2

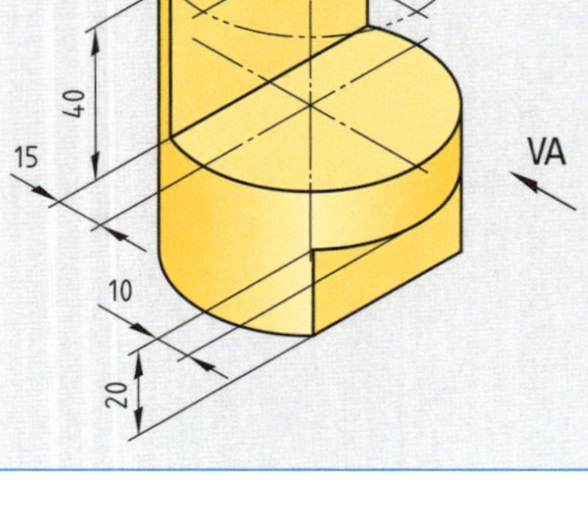

Cylindre 3

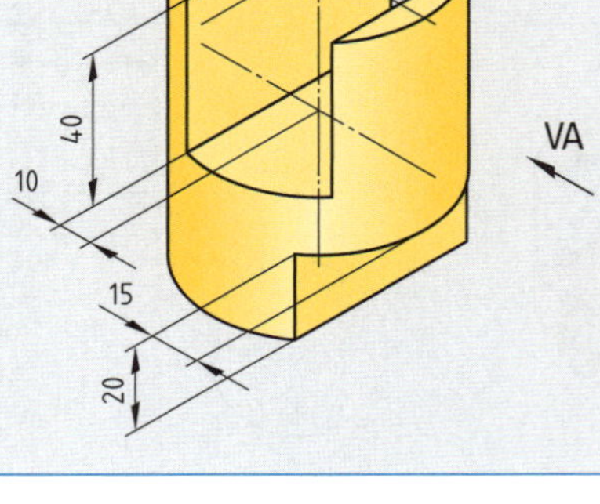

1. Exercice : Dessinez la vue de face du cylindre 1 en coupe pleine et en vue de dessus.

Cylindre 1

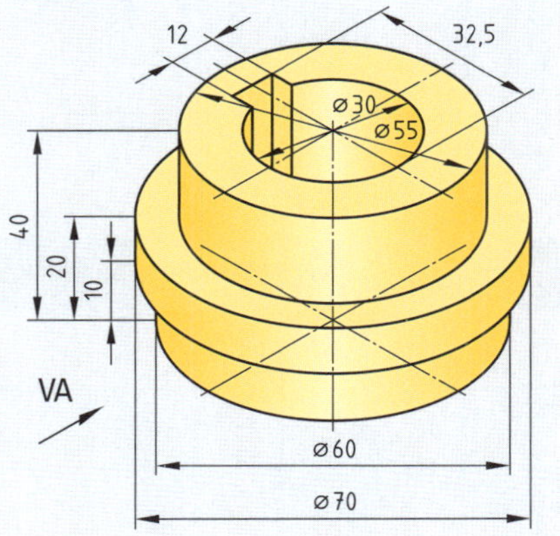

2. Exercice : Pour les cylindres 2 et 3, utilisez une feuille séparée en format horizontal.
Dessinez les deux cylindres en vue de face en demi-coupe et en vue de côté gauche.
Cotez le cylindre 3.

Cylindre 2

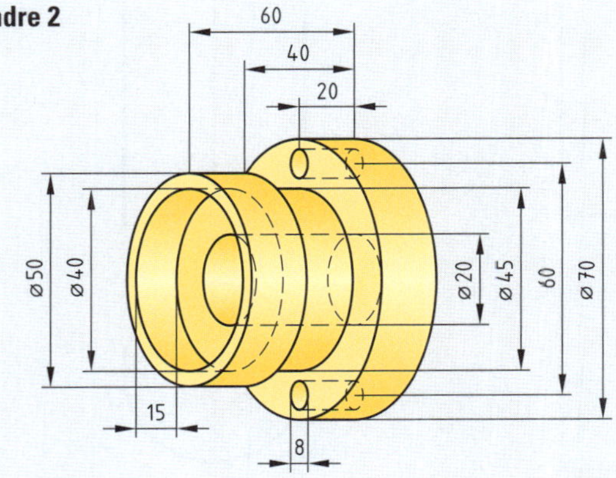

Cylindre 3

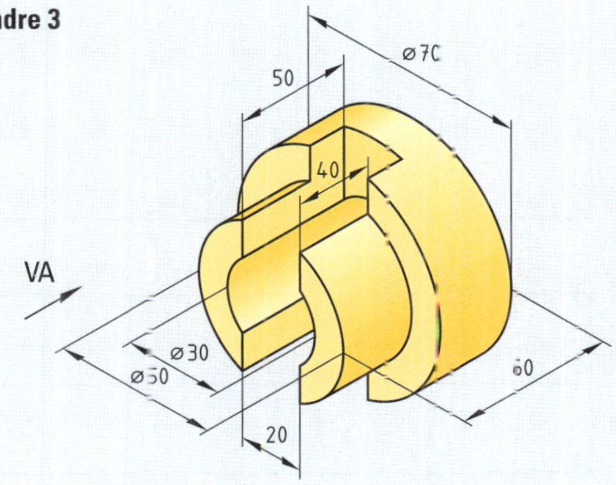

EUROPA LEHRMITTEL

Dessin technique

Représentation des filetages — Feuille 1

Nom :		
Classe :	Date :	Feuille N° :

Filetage extérieur	Filetage intérieur – visible	Filetage intérieur – caché
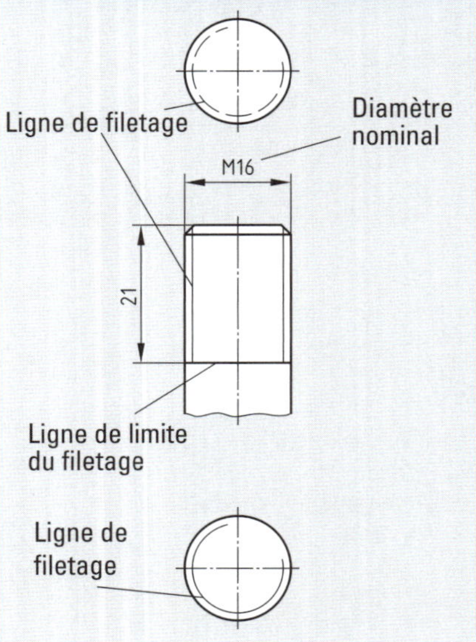	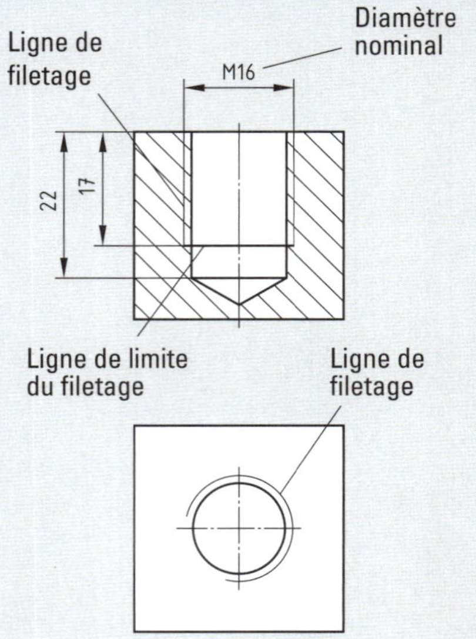	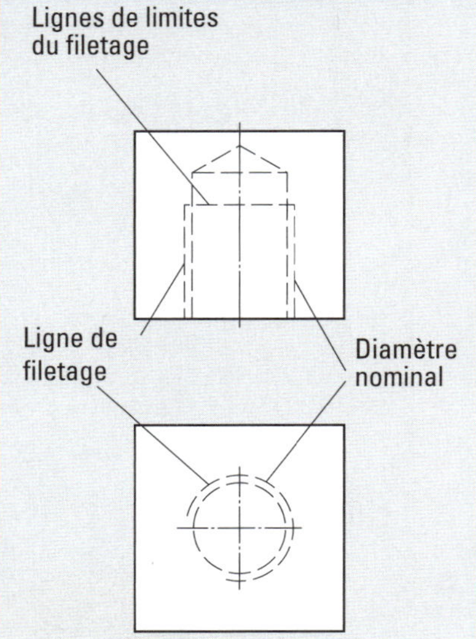

1. **Quels types de lignes sont utilisés ? Complétez le tableau.**

Représentation du filetage	Diamètre nominal	Ligne de filetage (diamètre du noyau)	Ligne de limite de filetage
Filetage extérieur visible			
Filetage extérieur caché			
Filetage intérieur visible			
Filetage intérieur caché			

2. **Dessinez les représentations de filetage suivantes.**

2.1 Filetage intérieur en pleine coupe	2.2 Filetage extérieur en vue
a un filetage traversant M12 avec cotation. b) un alésage de trou de coeur M12 avec une profondeur utile de 25 mm et cotation c) un alésage de trou borgne M12, alésage de trou de coeur 25 mm de profondeur, longueur de filetage utile 20 mm avec cotation	Un filetage M20, longueur de filetage utilisable 20 mm en vue de face et la vue de dessus avec cotation.
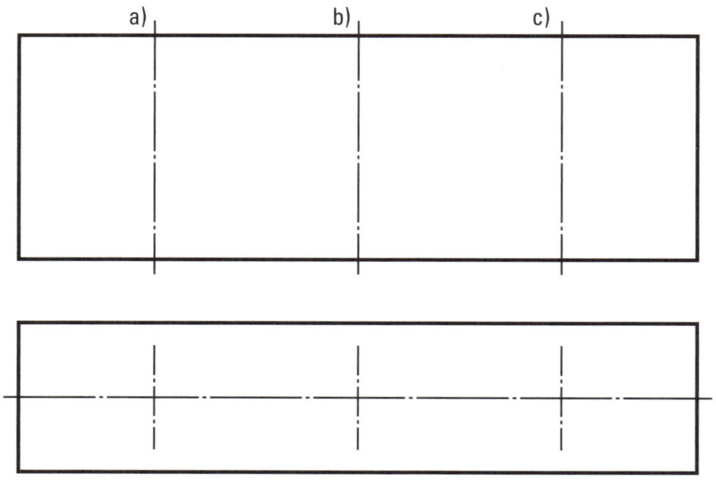	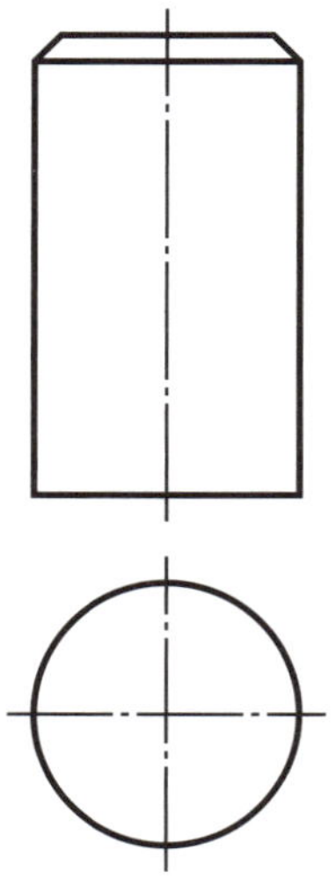

Représentation de vissages

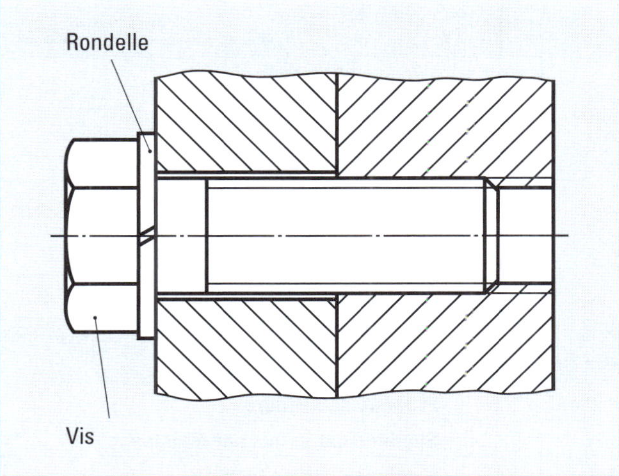

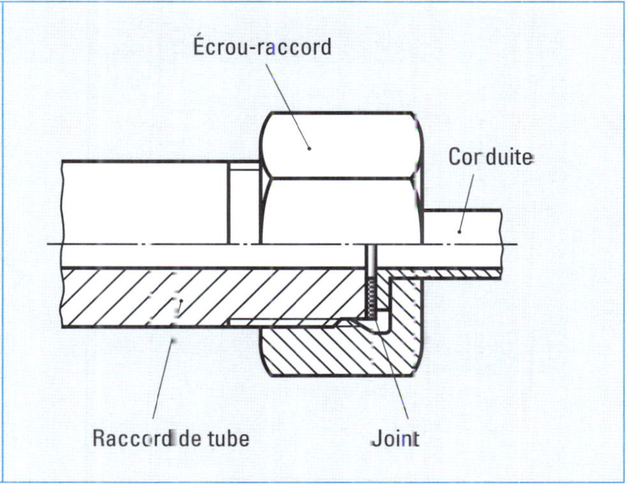

Remarques pour le dessin

Si des filetages extérieurs et intérieurs sont dessinés ensemble, le filetage extérieur est dessiné de manière visible dans le secteur du vissage.
Pour les liaisons vissées, les vis, les boulons, les rondelles et les écrous ne sont pas coupés.

3. Cochez la bonne solution :

3.1 Quelle représentation de filetage est conforme à la norme ?

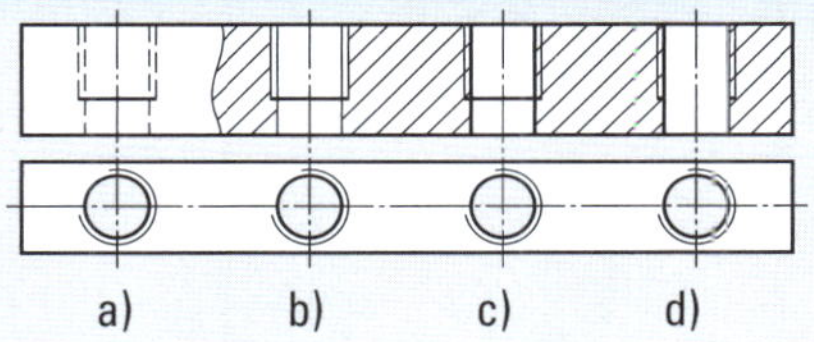

☐ a) ☐ b) ☐ c) ☐ d)

3.2 Quel perçage de filetage est représenté de façon conforme à la norme ?

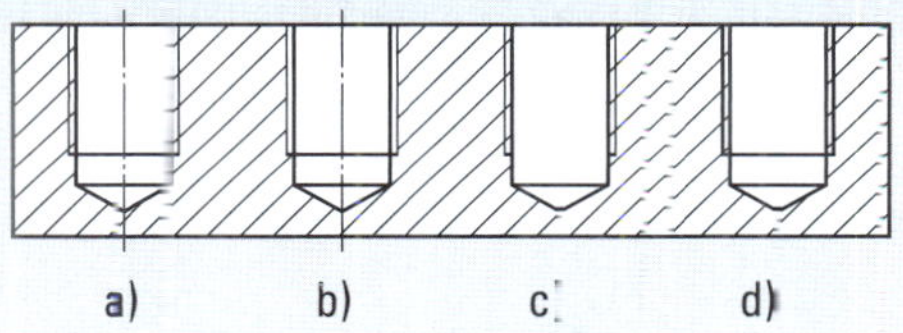

☐ a) ☐ b) ☐ c) ☐ d)

3.3 Quel vissage est correctement représenté ?

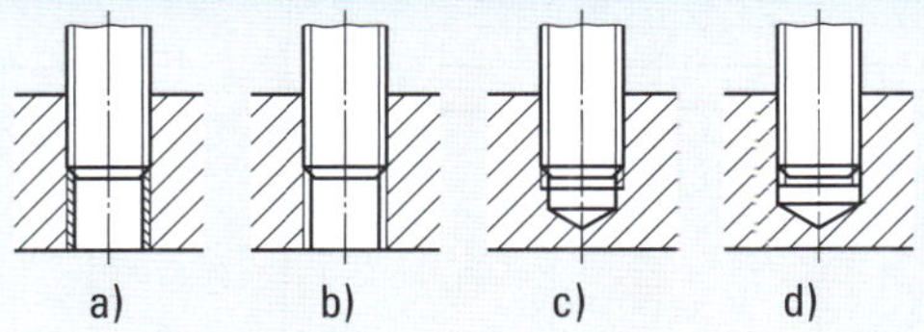

☐ a) ☐ b) ☐ c) ☐ d)

3.4 Quel détail n'est pas conforme à la norme ?

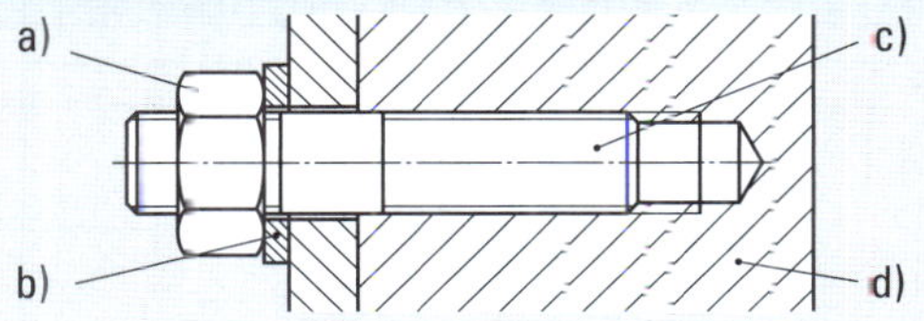

☐ a) ☐ b) ☐ c) ☐ d)

4. Exécutez les exercices suivants sur une feuille séparée.

4.1 Chape

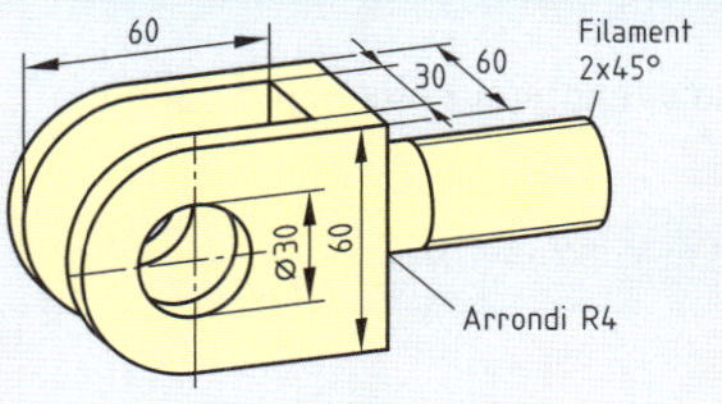

Dessinez la chape à l'échelle 1 : 1 en vue de face, vue de dessus et vue de côté gauche.
Cotez le dessin prêt à la fabrication.
Indication pour le dessin : longueur totale 140 mm, longueur de la tige 65 mm, filetage M30x2, longueur 50 mm.

4.2 Axe

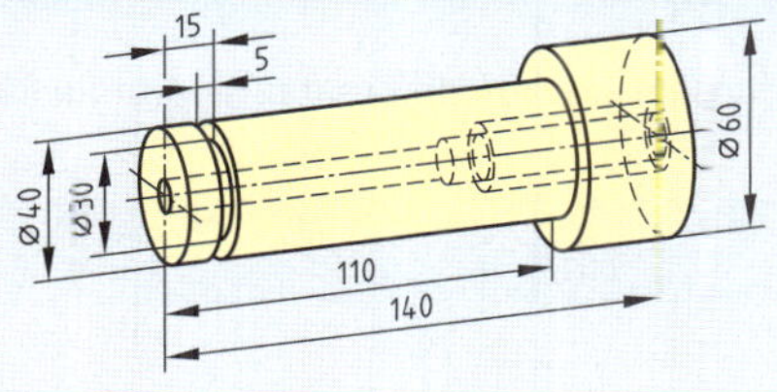

Dessinez l'axe de ressort à l'échelle 1 : 1 en vue de face en coupe pleine et en vue du côté gauche.
Cotez le dessin prêt à la fabrication.
Indication pour le dessin : trou traversant Ø 10 mm, alésage de trou borgne à droite Ø18 mm, 70 mm de profondeur, filetage 20x15, 60 mm de long.

4.3 Buse de carburateur

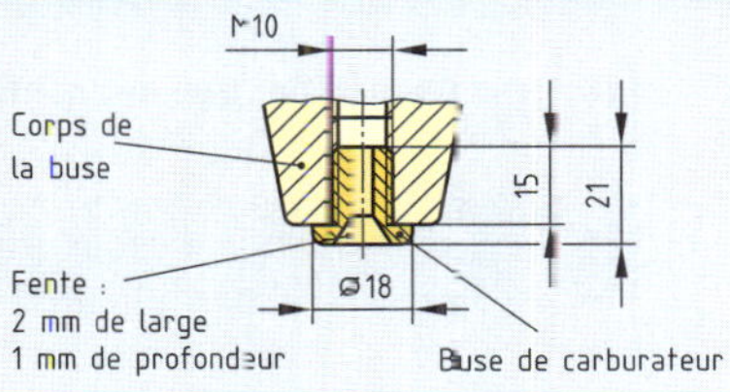

Dessinez la buse de carburateur en position de fabrication à l'échelle 5 : 1 en vue de face en demi-coupe et en vue de côté gauche.
Cotez le dessin prêt à la fabrication.
Indications pour le dessin : trou de buse Ø 3 mm, trou conique Ø 9 mm, longueur du cône 7,5 mm.

EUROPA LEHRMITTEL	**Dessin technique** Symboles de soudure	Nom :		
		Classe :	Date :	Feuille N° :

Représentation des symboles de soudure dans les dessins techniques, selon la norme DIN EN 22553 (1997-03)

1. **Dans le tableau, complétez les symboles pour chaque type de soudure.**

Symbole de type de soudure	Représentation (Illustration, Symbole)	Symbole de type de soudure	Représentation (Illustration, Symbole)	Symbole de type de soudure	Représentation (Illustration, Symbole)
Soudure à bords bridés	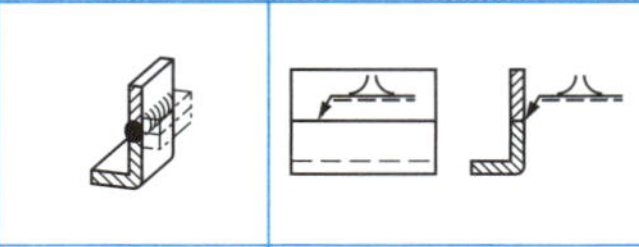	Soudure en V	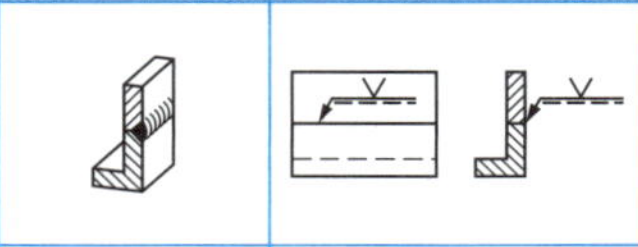	Point de soudure	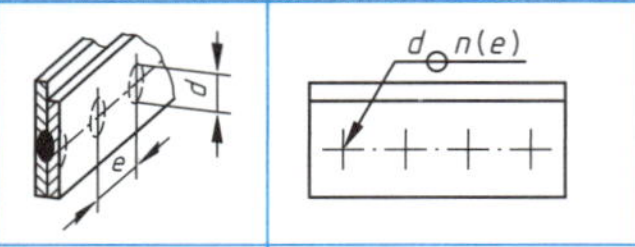
Soudure en I	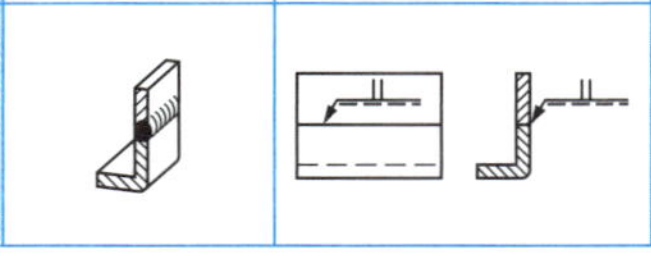	Soudure d'angle	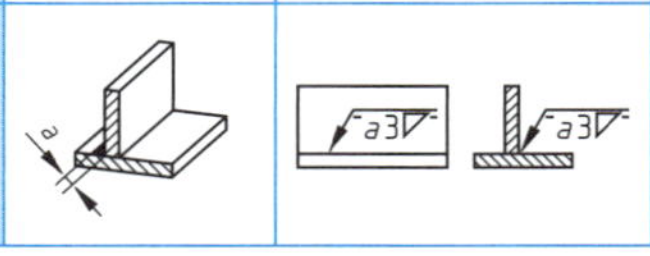	Soudure en bouchon	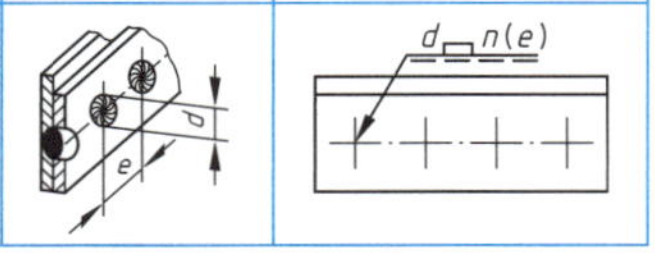

Représentation des indications pour la soudure

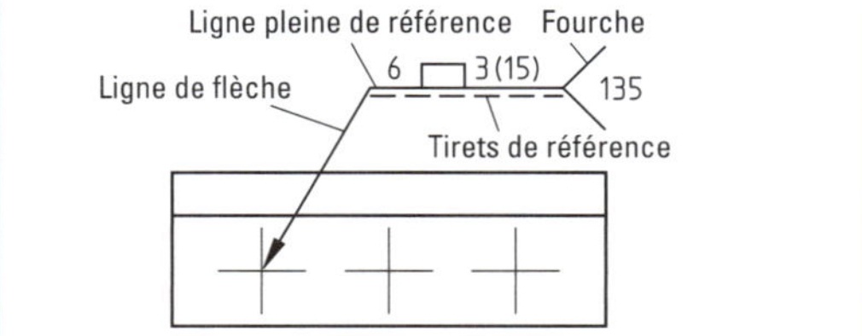

6 : diamètre du trou d = 6 mm

⊓ : Symb. de la soudure en bouchon

3 : 3 Points à trou

(15) : Dist.entre les points15 mm

135 : Procédé de soudure = soudage à l'arc sous protection de gaz actif avec métal d'apport

Procédé de soudure et numéro d'affectation selon DIN EN 24063 (1992-09) (extrait)

N° d'ordre	Procédé de soudure
21	Soudage par points par résistance
111	Soudage à l'arc à la main
131	Soudage au gaz inerte avec métal d'apport
135	Soudage à l'arc sous protection de gaz actif avec métal d'apport
291	Soudage par résistance avec haute fréquence
311	Soudage au gaz avec flamme oxygène- acétylène

2. **Quelles formes de soudure sont indiquées dans le dessin en liaison avec les pièces 1, 2 et 3 ?**

3. **Quels procédés de soudure sont indiqués dans le dessin pour la liaison des pièces ?**

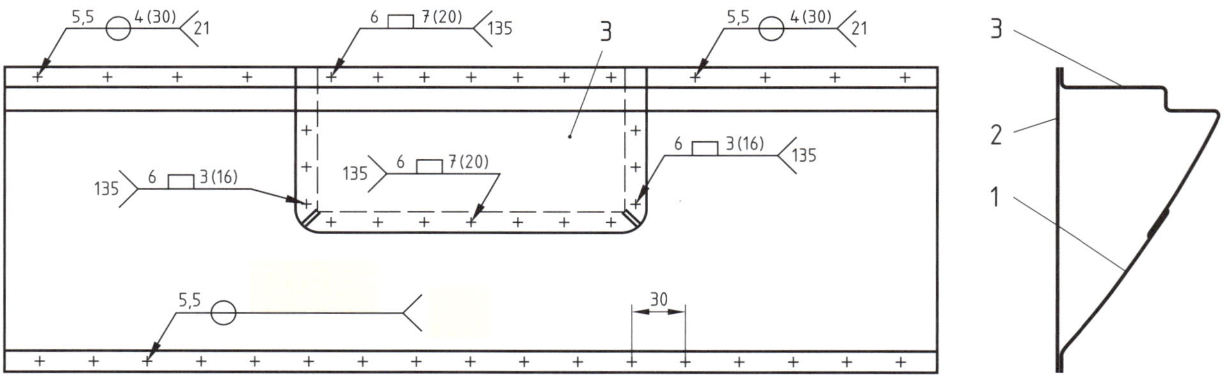

4. **Inscrivez dans le tableau deux indications de soudure différentes à partir du dessin et expliquez leur signification.**

Indication de soudure	Explication

5. **Complétez l'indication de soudure incomplète dans le dessin.**

EUROPA LEHRMITTEL	**Dessin technique** **Extraction**	Nom :		
		Classe :	Date :	Feuille N° :

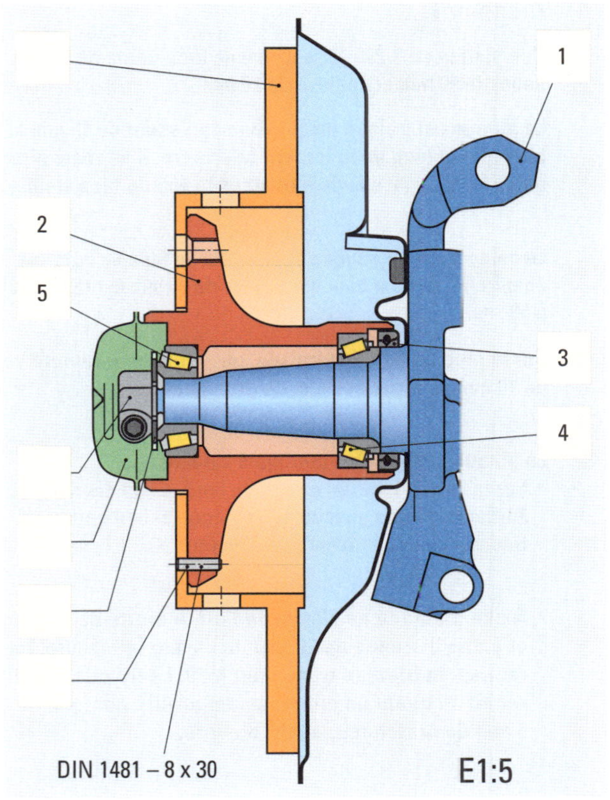

1. Nommez les pièces marquées par des chiffres dans la suspension de roue ci-contre et affectez les chiffres des pièces citées aux pièces dans le dessin.

1		6	Écrou de blocage
2		7	Disque de frein
3		8	Capuchon de moyeu
4		9	Douille de serrage
5		10	Rondelle

2. Quelle fonction a la pièce 3 ?

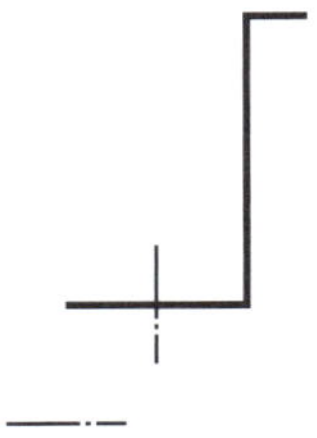

3. Quelle fonction a la pièce 10 ?

4. Quels paliers sont utilisés pour le moyeu de la roue avant ?

5. Quelle disposition de palier est utilisée pour le moyeu de roue avant ?

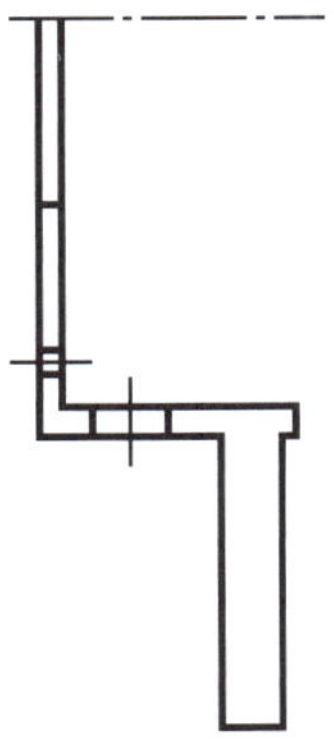

E1:5

6. Quelles pièces de la voiture sont reliées au composant 2 de façon antitorsion ?

7. Complétez le dessin ci-contre du disque de frein en demi-coupe et cotez-le prêt à la fabrication.

8. Pour la pièce 2 à l'échelle 1 : 2, dessinez la vue de face en demi-coupe et la vue de côté gauche. Cotez la pièce prête à la fabrication.

9. À partir de quels matériaux peuvent être fabriqués les disques de frein ?

Dessin technique
Exercice de rédaction

Nom :		
Classe :	Date :	Feuille N° :

E1:2

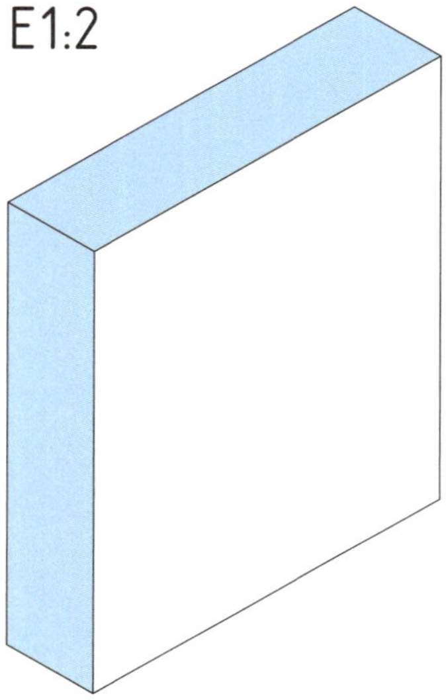

Dispositif

Une plaque en S 235 JR, est, vue de face, large de 80 mm, haute de 90 mm et épaisse de 20 mm.

La plaque est fraisée jusqu'à une épaisseur de 15 mm si bien que le long de la largeur inférieure, il ne reste plus qu'un bord de 40 mm de haut dans la vue de face visible.

Le coin supérieur gauche se trouvant en face du bord est chanfreiné à 45° si bien que l'arête de 80 mm est raccourcie à 50 mm.

Sur la face du bord est fraisée, au centre, une rainure verticale de 10 mm de large et 5 mm de profondeur.

La plaque contient les perçages suivants :
- Sur la vue de face, au centre du bord, à une distance de 20 mm de l'arête gauche de la plaque, il faut percer un trou traversant de 20 mm de diamètre.
- À une distance de 20 mm de l'arête droite de la plaque et à une distance de 20 mm de l'arête inférieure, on réalise un filetage traversant M20. Le trou de filetage reçoit à l'avant un enfoncement profilé conique de 5 mm de profondeur et 90° d'angle.

La plaque est usinée lisse de tous côtés, si bien que la rainure verticale a des surfaces latérales finement usinées.

Exercices :

1. Complétez la figure en 3 dimensions avec les arêtes invisibles.
2. Dans l'image en 3 dimensions, inscrivez les cotes principales (longueur, largeur, hauteur).
3. Dans l'image en 3 dimensions ci-contre, réalisez le croquis
   – du fraisage de la plaque
   – de la rainure verticale dans le bord
   – du fraisage de l'angle supérieur gauche.
   – de l'axe de trou traversant
   – de l'axe du filetage
4. Dans l'image en 3 dimensions, marquez de couleur les surfaces finement usinées.
5. Avec quel procédé d'illustration dans l'espace l'image en 3 dimensions est-elle dessinée ? ____________
6. Dessinez à l'échelle 1 : 1
   – la vue de face du dispositif
   – la vue de côté droit en coupe pleine en sachant que la coupe doit passer par le trou du filetage
   – la vue de côté gauche
   – la vue de dessus
7. Dans les vues, dessinez la section de coupe pour la représentation de la vue du côté droit.
8. Cotez le dessin prêt à la fabrication.
9. Avec quelle désignation de surface est marquée toute la plaque ? ____________
10. Quelles désignations de surface doivent être inscrites sur les surfaces latérales de la rainure ? ____________
11. Dans le dessin, inscrivez les indications nécessaires de surface.
12. À quoi servent les enfoncements profilés avec un angle à 90° ?

____

____

Date :	Nom :	Classe :	Tolérance générale DIN 7168 moyenne Surfaces DIN ISO 1302	Matériau	Échelle

Exercice 7, page 88	Dénomination **Corps de modèle en isométrie**

Date :	Nom :	Classe :	Tolérance générale DIN 7168 moyenne Surfaces DIN ISO 1302	Matériau	Échelle

Exercice 8, page 88	Dénomination **Corps de modèle en dimétrie**

Date :	Nom :	Classe :	Tolérance générale DIN 7168 moyenne Surfaces DIN ISO 1302	Matériau	Échelle
Exercice 7/1, page 90			Dénomination **Pièce 1**		

Date :	Nom :	Classe :	Tolérance générale DIN 7168 moyenne Surfaces DIN ISO 1302	Matériau	Échelle
Exercice 7/2, page 90			Dénomination **Pièce 2**		

Date :	Nom :	Classe :	Tolérance générale DIN 7168 moyenne Surfaces DIN ISO 1302	Matériau	Échelle

Exercice 7/3, Page 90

Dénomination

Pièce 3

Date :	Nom :	Classe :	Tolérance générale DIN 7168 moyenne Surfaces DIN ISO 1302	Matériau	Échelle

Exercice 13, page 93	Dénomination **Corps 1**

Date :	Nom :	Classe :	Tolérance générale DIN 7168 moyenne Surfaces DIN ISO 1302	Matériau	Échelle

Exercice 14, page 93

Dénomination

Corps 2

Date :	Nom :	Classe :	Tolérance générale DIN 7168 moyenne Surfaces DIN ISO 1302	Matériau	Échelle
Exercice 2, page 96			Dénomination Cylindre 2		

Date :	Nom :	Classe :	Tolérance générale DIN 7168 moyenne Surfaces DIN ISO 1302	Matériau	Échelle
Exercice 2, page 96			Dénomination Cylindre 3		

Date :	Nom :	Classe :	Tolérance générale DIN 7168 moyenne Surfaces DIN ISO 1302	Matériau	Échelle
Exercice 2, page 97			Dénomination **Cylindre 2**		

Date :	Nom :	Classe :	Tolérance générale DIN 7168 moyenne Surfaces DIN ISO 1302	Matériau	Échelle
Exercice 2, page 97			Dénomination Cylindre 3		

Date :	Nom :	Classe :
Tolérance générale DIN 7168 moyenne Surfaces DIN ISO 1302	Matériau	Échelle
Exercice 4.1, page 99	Dénomination	**Chape**

Date :	Nom :	Classe :	Tolérance générale DIN 7168 moyenne Surfaces DIN ISO 1302	Matériau	Échelle
Exercice 4.2, page 99			Dénomination **Axe**		

Date :	Nom :	Classe :	Tolérance générale DIN 7168 moyenne Surfaces DIN ISO 1302	Matériau	Échelle

Exercice 4.3, page 99

Dénomination

Buse de carburateur

Date :	Nom :	Classe :	Tolérance générale DIN 7168 moyenne Surfaces DIN ISO 1302	Matériau	Échelle

Exercice 8, page 101

Dénomination

Moyeu de roue

Date :	Nom :	Classe :	Tolérance générale DIN 7168 moyenne Surfaces DIN ISO 1302	Matériau	Échelle

Exercice 6, page 102

Dénomination

Dispositif